完美女人，必须HOLD住9件事

肖春凤◎著

贵州出版集团
贵州人民出版社

图书在版编目（CIP）数据

完美女人，必须 HOLD 住 9 件事 / 肖春凤著．-- 贵阳：贵州人民出版社，2013.3（2017.7 重印）

ISBN 978-7-221-10723-7

Ⅰ．①完… Ⅱ．①肖… Ⅲ．①女性—成功心理—通俗读物 Ⅳ．① B848.4-49

中国版本图书馆 CIP 数据核字（2013）第 007232 号

完美女人，必须 HOLD 住 9 件事

Wanmei Nüren ,Bixu HOLD Zhu 9 Jian Shi

作　　者　肖春凤
责任编辑　张静芳　范春雪　张忠凯
贵州人民出版社出版发行
贵阳市中华北路 289 号　邮编　550004
发行热线：010-59623775　010-59623767
三河市明华印务有限公司
2017 年 7 月第 1 版第 2 次印刷
开本　710mm × 1020mm　1/16
字数　210 千字　印张　16
ISBN 978-7-221-10723-7
定价　28.00 元

目录

卷首

几乎每个女人在小时候，都会把芭比娃娃奉为自己的头号偶像。

她——天使的脸孔，魔鬼的身材，聪明的大脑，光鲜的职业，完美的社交圈。最让人羡慕的是，她有着和名媛希尔顿一样大的衣橱，衣橱里有那么多漂亮的衣服和名牌包。那简直就是每个小女孩内心的折射——长大后，我也要变成这样的完美女人。

梦想那么美好，但，现实是残酷的——

镜子里的女人——毛孔粗大，痘痘肌，双眼无神，头发因为疏于打理十分毛躁，游泳圈，小象腿，以及那该死的总是胖不起来的胸！

即使这面镜子照不到你的内心，你也知道，人生中充满了很多无奈，生活也常常被你弄得一团糟。还不完的信用卡账单，想跟高富帅交往却遇见了太多屌丝男。终于不用再做剩女，却嫁给了“不如意先生”，工作既没有情绪也没有激情，令人抓狂的人际关系，你甚至没有拿得出手的女闺蜜，也没有一个男死党会在你的电脑崩溃时挺身而出。

你常常感觉孤单寂寞冷，连个可以打发时间的好去处也没有。一旦闲下来，除了看些无聊的泡沫剧外，你都不知道电脑还可以用来干什么。

你感觉青春如流沙，一切都令你惶恐不安，你只能眼睁睁地看着自己“又宅又腐，前途未卜”却束手无策，如果每个人都是自己人生的导演，无疑，你这个导演是失败的……

很显然，你 Hold 不住了！

可是，有句超级励志的话这样讲：前方是绝路，希望在转角。

当我们深陷绝境的时候，往往却可以爆发出强大的力量，像韩国热播电视剧《逆转女王》中的女主角一样，将场面三百六十度大逆转，成功地获得了属于自己的事业和幸福。

实际上，她并不是有着三头六臂的女超人，她只是掌握了重获幸福人生的秘密法则。

那就是，Hold住对女人来说最重要的九件事：形象，气场，能量，圈子，人脉，头脑，理智，品位，生命。

即使你没有36D的胸围，你的人生同样可以很丰满。

看完这本书后，你会惊喜地发现，你已经掌握了Hold住人生的办法，迎接你的，将是崭新的充满美好的重生之旅。

第一章

HOLD住形象，不做公主做女王

一、HOLD住身材

无论是在街头看到白富美，还是在时尚网站、杂志里看到身材很棒的模特，无论你多么想否定这样的身材，目光却还是无法从她们的身体上离开。

亲爱的，承认吧，这样的身材无论是对男人还是对女人，都有着极大的杀伤力。在内心深处，你也渴望自己拥有这样令人羡慕的身材，要知道，注重外表并不是肤浅的表现，这恰好说明你对自己人生的态度是积极的。

1. 对身体的投资，绝不亏本

韩国电影《我的黑色小礼服》讲述了四个年轻女孩成长的故事。里面的惠智是一位非常漂亮的时尚达人，平时她就很注重皮肤和身材的保养，不是在美容院做脸和身体的养护，就是在健身房运动，无时无刻不在为自己的身体投资。渐渐地，当其他三个女孩仍然对自己的前途感觉十分迷茫时，惠智已经成为红遍韩国的小天后。

很多女人都不舍得将钱花在身体的保养上，通常只注重脸部皮肤，而对脖子以下的皮肤不闻不问。平时也很少运动，以为减肥就是尽量少吃东西。

二十六岁的小可就是这样一位“粽子女”，总是将自己的身体包裹得很严，因为小可对自己的身材很没自信。她总是以工作太忙没时间运动、身体皮肤保养太贵等为由，对自己的身体采取放任态度，直到那一次亲密接触。

约会是美好的，小可对面前这个“高不富帅”非常有好感，两个人在约会 N 次之后终于进展到下一个阶段，就在小可沉浸在对方激情的深吻中久久不能自拔时，耳边忽然响起一个煞风景的声音：“你的小肚肚有三层哦。”

小可睁开眼睛，看到面前的他似笑非笑地看着自己，很显然，“高不富帅”正在跟她开一个很不好笑的玩笑。小可什么心情都没有了，几乎是气急败坏地整理好自己的衣服，拎起包就逃离了那个刚刚开了不到二十分钟的浪漫大床房。

她好像一只被踩住尾巴的猫，缺点暴露无遗，而这个缺点，一直都是小可的心结。每个女人都渴望拥有完美的身材，实际上，小可的四肢还算匀称，只是天生苹果型身材的她，总是被该死的小肚腩困扰。没有 Hold 住身材的小可，痛失了和心仪男人约会下去的勇气。

实际上，很多女性朋友都有一个误区，只要一谈到对身体、身材投资，她们就会认为那将是一笔很大的金钱投资。其实，这里说到的投资，是指投资时间加投资健康。

拥有好的身材，也要选择对的方式。如果依靠吃减肥药，苛刻饮食，不仅会把自己的皮肤搞坏，长时间下来，身体也会越来越糟。一旦停止这种不健康的减肥方式，体重就会立刻反弹。

实际上，只要投资少量的时间加上健康的生活方式，就能收获完美身材。

不知道细心的你有没有留意到，在看日剧和韩剧的时候，几乎很少会看到有赘肉的女性，而看美剧的时候，却很容易看到胖妞的身影。其实，这和她们的饮食习惯有着非常大的关系，想要保持好身材，不妨 Copy 下日韩女人的好习惯吧！

早餐吃很多才是王道

看看你的饮食餐单，早饭常常因为起来晚，上班来不及，要么不吃，要么草草地对付一口，中午的时候总感觉饿得发晕，胃口大开。

实际上，早餐才是一天中至关重要的一餐，因为在这个时间段，吃什么都不会让你发胖的，你有足够的时间将它们消耗掉。日本女性的早餐非常丰盛，各种盘盘碗碗齐上桌，既保证了营养美味，又保持了好的身材，简直是完美战略。

买一只精致的小碗

精致的小碗是塑造好身材的第一步，午餐和晚餐尽量用这个小碗来盛，慢慢地，你会发现自己的胃也变得很精致，这就是容器的重要性。小一号的容器配小一号的身材，合理又王道。

给自己简单的食物

我知道你在想什么，你以为简单的食物就是方便面和汉堡，NO！快点打消这种念头。这里提的简单食物，实际上是那些经过简单烹饪，又有营养的食物。

比如水煮青菜、蒸煮的米饭，而不是油腻腻的炒饭。你的食物烹饪越简单，就越有利于保持身材。

像孩子一样疯玩

细心观察一下，孩童时期的我们是不是无论吃什么都不会胖？实际上，是因为我们经常在户外疯玩，所以无论吸收了多少卡路里，都随着这种玩乐式运动消耗掉了。

谁说跑步就要去健身房，打羽毛球就要去羽毛球馆？当我们像孩子一样投入到大自然的怀抱中时，会发现这既是节省开销的减肥方式，又能够让自己时刻保持充沛的精力。

2. DIY SPA，这个可以有

很多姐妹都有一种与生俱来的天赋，那就是可以为自己找出各种各样的借口。

比如：“我也很想去环境超好的会馆做SPA啊，但SPA那么贵，一次就要好几百块……”可是，我们却愿意花几百块请朋友去酒吧喝酒，也乐意买一支香奈儿的口红。

大部分女性都可以为了“面子”去花钱，却不愿意把钱花在对身体的投资上。其实，我们不一定非要去专业的SPA中心才会拥有好皮肤，只要你有一双稍微勤快的手加上善于发现美好的眼睛，就可以花最少的钱达到最令人惊喜的效果。

我曾经在公共浴室遇见过一位长相很可爱的年轻女孩，只见她将自己的物品从自带的沐浴袋中一件一件拿出。因为位置相邻，加上这个女孩的长相很让人喜欢，我便仔细地看了一下她所拿出来的物品。有一瓶玻璃罐吸引了我的目光，玻璃罐用防水的碎花包装纸做了包装。

后来在聊天的过程中，女孩告诉我，玻璃罐就是吃完水果罐头剩下来的瓶子，她自己DIY了一下，里面装上了待会儿DIY SPA需要的牛奶和蜂蜜。

因为住在学校宿舍，又没有很多钱去做身体护理，所以平时她都是用便宜的食材来DIY体膜。因为一直保持这样的好习惯，所以女孩的皮肤很好很细腻，这样的女孩子无论走到哪里，相信都会让人觉得赏心悦目。

只要你愿意发现生活的美好，相信可以通过自己的努力，遇见更美好的自己，你就一定会拥有想要的人生。

So，让我们从爱自己开始，下面有六个非常好用的食材体膜，都是我亲身验证过的哦，推荐给每一个从现在起决定Hold住身体的美丽宝贝。

橄榄油牛奶体膜

材料：鲜牛奶（五十毫升）、橄榄油（四至五滴）、面粉（一点点）。

制法：在鲜牛奶中加四至五滴橄榄油，再加入适量面粉。调匀敷面或敷体，保留二十分钟后用清水洗干净就OK啦！

功效：长期使用，可以让你的皮肤充满活力和弹性，使皮肤变得清爽润滑、细腻洁白。

绿豆粉蜂蜜体膜

材料：绿豆粉、蜂蜜、温水。

制法：将材料调合成糊状，敷于皮肤干燥（出痱子、脱皮、出痘子）处，大约二十到三十分钟，直到基本干透，进浴室将被敷处重新湿润，轻轻打圈揉搓，可以顺便起到去角质的作用。

如果还能定期配合上木桶蒸汽浴，让皮肤彻底解放，消炎滋润的效果会更好，这个体膜非常适合有痘痘问题的姐妹们。

蛋奶蜜紧肤体膜

材料：奶粉、鸡蛋、蜂蜜。

制法：首先将五只鸡蛋用筷子打成蛋液，然后加入五十克奶粉、五十毫升蜂蜜，将奶粉、蜂蜜、鸡蛋一起搅拌均匀便可以了。使用时将蛋奶蜜体膜均匀地涂满全身。

涂抹时不妨同时按摩，用掌心和指腹来按压、揉搓肌肤，这样能够促进肌肤细胞新陈代谢，按摩后还可用双手轻拍身体，以使肌肤细胞能更有效地吸收水分与养分。三十分钟后用温水洗净即可。

功效：蛋奶蜜体膜能够改善肤质，促进肌肤新生细胞的生长，使肌肤能更有效地吸收水分，变得更具有弹性，更加滋润有光泽，同时也有美白肌肤的效果。

芦荟优酪美白体膜

材料：芦荟、优酪乳、蜂蜜。

制法：先把二至三片芦荟洗净，去皮并捣烂。将芦荟与蜂蜜、优酪乳一并搅拌均匀。将混合后的体膜用面膜刷涂于身体肌肤上。约十到十五分钟后，彻底冲洗干净。这款体膜较为浓稠，涂抹后可配合适当按摩，帮助美肤成分吸收。

柠檬蛋清美白体膜

材料：鸡蛋、柠檬。

制法：先把蛋黄和蛋清分离，只留下蛋清备用。然后把柠檬一分为二，挤两滴柠檬汁入蛋清搅拌均匀。敷于身体上需要美白的部位。约十到十五分钟干透后，彻底冲洗干净。

注意事项：柠檬是感光的食物，所以敷用后要注意避光。

牛奶珍珠粉美白体膜

材料：面粉、橄榄油（如没有，可用香油替代）、牛奶、珍珠粉、柠檬、保鲜膜。

制法：用牛奶溶化珍珠粉后倒入面粉、橄榄油，把整个柠檬的汁挤进去，搅拌均匀即可，不要太干或太稀。夏天游泳或上街晒成小黑妞的话，就敷晒黑的部位，用保鲜膜包好，也可用在脸上。大约二十分钟后洗去，再涂上身体乳液就行啦。

功效：虽然不能让你一下子变白，但也可以白回来一点，可以连续使用几天，集中美白。

PS：不过各位姐妹们需要注意的是，自制食材体膜一定要注意保鲜，最好一次用完，不要放到冰箱里。加油，待会儿就开始行动吧！

3. 胖女孩也要有春天

对于爱美的女人而言，“没有最瘦只有更瘦”似乎是穿上漂亮礼服的硬道理，可那些XS号的小礼服似乎都是为模特般身材的芭比娃娃们打造的。尤其是在岁末年初各类派对上，胖妹们想选择一件合适的小礼服都显得很困难。然而，胖女孩真的没有春天吗？

很多姐妹常常会有一个误区：打扮？那是我瘦下来之后才需要做的事。那么，在漫漫减肥路上，我们就要对这个身体不闻不问，直到瘦下来后才真正地爱上“它”吗？

获得时尚老佛爷钦点的贝丝可不这样认为，她就是传说中的“胖妹”，但在她的脸上却很难看到胖姑娘们的惯性自卑。在她的审美世界中，软绵绵的、可爱的XXXL号姑娘才应该是性感女王，那些骨瘦如柴、在T台上扭来扭去的家伙们，就应该被赶出时尚圈才好。

为了颠覆众人的审美，胖女孩贝丝开始着手设计一系列只有XXXL号身材才有资格穿上的衣服，它们无一例外地色彩鲜艳，充满时尚感。

贝丝并没有给这些姑娘们因为肥胖而不得不将自己包裹在黑衣黑裤里的机会，她这只领头羊，无时无刻不在向这些“苦难”的姑娘们宣布：你们的春天到来了。

无论春天到底来了没有，我还是忍不住要碎碎念一番：肥胖带来的灾难很多，比如要无限期地告别那些只有“芭比娃娃”们才能套进去的衣服，忍受心仪男士看到自己时嫌弃的目光，就连健康问题也要时不时地来敲门提醒一下自己——亲，你的血糖指数又超标了！

所以，在能够将XXXL变成XXL的时候，还是尽可能地做“小一号”的自己吧。

但是，假如你身体健康，像贝丝一样热爱自己，那体重秤上的数字对你来说也自然失去了意义。而且有个好消息要分享一下：胖姑娘们的SEX质量会更高。

英国“安全通道”公司曾对五百名成年男性进行过调查，结果发现，87%的男人更喜欢曲线优美、丰满圆润的女性。美国宾夕法尼亚大学的一项研究也得出了相似的结果。这些研究结果都证明，女性丰满，的确会让男女双方的性生活质量都有明显提高。

当然我还是提倡减肥，因为在我的审美中，体型匀称的姑娘，人生相对会更接近完美。但是，在还没有变成一个瘦姑娘之前，一些穿衣技巧同样可以帮助我们，让我们整体看上去更加可爱，更加协调。

当然，就像骨瘦如柴的姑娘一样，胖女孩同样也有自己的“雷区”，想要全天候保持美丽，绕过这些雷区才是聪明之举——

一号雷：花盆高腰裤是水桶腰的禁区

虽然它们出现在娇小姑娘的身上时确实显得楚楚动人，但你若想尝试，前提是你的腰围不要超过两尺哦。

这种设计最实用的功能就是“看似是一樽花盆，实际上是一柄放大镜”。水桶腰姑娘穿上它，基本上就是双脚踩着油门冲向“罗马柱”身材。

二号雷：浅色比基尼败事有余

虽说比基尼穿在没有胸的瘦子们身上，也没法撑起一片天，但是对胸部波澜壮阔、小肚子层峦叠嶂的姑娘们也是一项巨大的挑战。

相信你也曾经面临过那样的尴尬，低下头，悲愤地呐喊：“我的泳裤到底在哪里！”真的要穿比基尼，一定要选择色彩鲜艳的颜色，浅色系、无肩带设计的比基尼只会成事不足、败事有余。

三号雷：紧身T shirt背后“风景”独好

紧身T最可怕的地方就是正面、侧面、背面呈现的情况完全不同。出门前照镜子正面是无懈可击，出门后看见街边窗子映出的侧面是“Oh My God”，而路人从后面观赏时的效果是“耶，我也想要这样的真皮沙发”。

So，为了不败露真皮沙发的事实，除了要尽量选择宽松的大尺码，也要注意，不要老是穿着不合身的“自杀型”Bra。

四号雷：荷叶边的“力量”荡气回肠

在众多的皱褶里面，荷叶边也算是最阴险的角色了。打着甜美的旗号，蛊惑所有可爱系的姑娘。但对于任何一款丰满身材来说，无论选在哪个局部，堆砌一捆荷叶边都可以迅速打造出闹心添堵的效果。

层层叠叠的皱褶只能增加设计的重量感，而对于那些装饰在腰间、胸前、臀侧的荷叶边，我们还是尽量绕道而行吧。

五号雷：细高跟的禁地不仅是扶手梯

试想，将贝嫂的细高跟转移到韩红的脚上，可能随时会面临被碾成平底鞋的危险。除了对人身安全的各种猜想和考虑，就整体美感而言，超级细跟“恨天高”也不是胖姑娘的最佳搭档。它们不但会衬托出你的小腿和脚腕的不完美，还会陷各种款式的裤脚儿于不义的境地。所以，没有金刚钻，还是别揽瓷器活的好。

六号雷：链条小包，还嫌没有参照物吗?

连续好几季都是小包的天下，这些精致的包袋虽然能够为显瘦娇俏的姑娘画龙点睛，但是如果选择不慎，这些小包就会成为衬托结实身板的最佳参照物。

另外，无论是手拿包还是背包，质地的选择也很重要，坚挺的材质总是要比软塌塌的面料更适合胖女孩。

杜绝链条背带的圆形小包。基本上它被认成一块怀表的几率会比一只大包大很多，而且链条最擅长勒出结实身板的原型。可以多尝试大尺码的手拿包，可选的款式、颜色都很丰富。

二、HOLD住健康

1. 吃粗粮，做精致女人

美苏是北京大妞，最近看了一部叫《时尚女编辑》的电视剧，美苏不禁在心中呐喊，这部电视剧简直说出了自己的心声。因为她的职业跟剧中那些时尚的女性一样，她仿佛在剧中看到了自己的影子：加班不断，钱不够花，迷恋物质，精神有些小空虚。

时尚是个怪圈，美苏感觉自己身在这个圈里，虽然表面光鲜，但她有着自己的苦衷，那就是不管在这张脸蛋上堆砌多贵的化妆品，似乎也掩盖不了她长期加班、饮食混乱，皮肤并不太好的事实。

到了晚上，卸妆后的那张脸，似乎再也无处遁形，这个时候，美苏不得不去正视自己的问题。

为此，她想了很多办法，用信用卡刷更多更贵的护肤品，企图扭转局面，却发现自己怎么努力也是治标不治本。后来，美苏无意中听说吃粗粮不仅对皮肤好，还可以瘦身，为了漂亮的脸蛋和走在西单秒杀路人的好身材，她决定试一试。

结果，几个月后，美苏惊喜地发现，自己再也不用依赖那些昂贵的护肤品了，皮肤一天比一天透亮，白里透红，身材也似乎更精致了。

吃粗粮跟DIY SPA一样，都是既节省荷包又解决问题的好办法，如果想让自己变得更漂亮更精致，那么就好好阅读下面的内容吧！

提到粗粮，很多姐妹都没有一个明晰的概念，能够说得上的无非就是全麦面包、燕麦粥之类。

其实，粗粮的种类包括很多：谷类中的玉米、小米、紫米、高粱、燕麦、荞麦、麦麸，各种干豆类，如黄豆、青豆、赤豆、绿豆等，当然啦，红薯也是既好吃又会帮你变漂亮的粗粮之一。

这些可爱的粗粮不仅可以让你气色变好，身材变好，还有防癌的效果呢！

如果是上班族，早上着急出门没空做早餐的话，可以沿途买个煮玉米或者烤红薯，再配上一杯低卡奶茶。

为了避免枯燥乏味，也为了让各位美女更好地适应粗粮餐单，特别为大家推荐几个既简单又美味的餐单——

田园风味三明治

材料：全麦面包片、土豆片、红薯片、南瓜片、白菜叶儿、胡萝卜片。

做法：将土豆片、红薯片、南瓜片、白菜叶儿、胡萝卜片等在水中焯熟，用面包片夹上，撒上少许盐花，放至微波炉里烤熟即可。

小贴士：依据各自喜好夹材料，一次夹三四样即可。嗜辣的美女，可用椒盐代替盐，如果觉得太素，再加点香肠或火腿片吧。

营养玉米面糊糊

材料：玉米面、冬瓜粒、花生米、瘦肉粒、红薯粒、鸡蛋、葱花。

做法：玉米面兑入凉水（倒水要从碗的中心往里倒）搅开至没有疙瘩，再倒入烧开水的锅里，把冬瓜粒、花生米（把整颗的花生米切碎些）、瘦肉粒、红薯粒放进去，撒上盐花，小火煮十到十五分钟，再打一个荷包蛋或者把鸡蛋打散成蛋花，最后撒一点儿葱花。

小贴士：黄豆洗净，炒至九成熟，倒进煮好的糊糊里焖一会儿。除上述材料外，还可自由搭配，放些土豆、南瓜、红萝卜、猪肝、猪腰等。可拌些榨菜、咸菜等佐餐。

玉米糕

材料：新玉米面四百五十克、红糖二百克、食用碱四克、熟猪油十五克、发酵粉五十克。

做法：把发酵粉和玉米面掺适量清水和成团后发酵，发酵好之后加上述其他原料揉均匀，然后用湿布盖好，饧一小时。

再反复揉已饧好的面团，整块投入蒸锅铺平，用旺火蒸25分钟左右。出笼略凉后刀切成块或菱状即可随意食用。

小贴士：若在玉米粉中稍加点白面粉，做出的效果更好哦！

PS：粗粮营养高，但是吃粗粮的方法同样很重要。各位美女们，要注意了，想要健健康康，就要注意饮食搭配，水果、蔬菜、蛋白质也是必不可少的。

·私密心得·

内观——与世隔绝的十天

我就是一个活生生的“杜拉拉”，长期的外企生活让我压力巨大，听见电话声就害怕，就连回到家也会幻听。尤其是一逛街那些小导购一口一个亲爱的，要多假有多假，这些虚假的东西充斥在我的生活里，交织着永远做不完的工作和永远猜不透的人心。我仿佛站在崩溃的悬崖边，前一脚后一脚，和男朋友的感情也亮起了红灯。

一次偶然的闺蜜座谈中，我知道了“内观”，听说是印度最古老的禅修方法之一，国内现在有两家寺院可接受报名。当时就觉得一不做二不休，反正瑜伽、健身、“疯狂shopping”这种事都干过了，心情也没有一点儿好转，索性就报了名。

“内观”要求参加者不能带手机、MP3，项链等小饰物也不能戴在身上，不要穿高跟鞋，忘记公司的夺命CALL和日程表，也不可以想男朋友，清空心神，开始全新的十天。

我决定必须为自己活一次了。

报名一通过，我就立刻带着简单的行李去了南禅寺。开始的两天十分痛苦，不仅要严格遵守五戒，还要禁语，过午不食，每天坚持十二小时的静坐禅修。

我很想说话，也很饿，内心始终安静不下来。脑海中时不时冒出来当这10天结束以后，堆积如山的工作内容，没有手机，不能和他讲一句话……这种被困在孤岛上的感觉让我几度想放声大哭。

很多学员都跟我一样，都是职场的白领，他们的内心一定也有一个巨大的心结。在这个艰涩的过程里，有人大哭，有人释然，有人选择了退出，但达到内心清净的过程也是排除毒素、找回自我的过程。

直到第六天，我才真正做到心无杂念、豁然开朗。职场上的钩心斗角、条条框框再也成为不了束缚我的枷锁，直到那一刻，我才知道原来不是任何场域困住了我，而是我将自己局限在某个死胡同中，不肯出来。

没有人知道我这十天到底去了哪里，做了什么。但我知道，这是我一生中最任性的一次出逃，在这次出逃里，我遇见了真正的自己，并把她找回。

如果你跟我一样，被什么东西蒙住了双眼，我想说，或许你可以试试"内观"，你知道，真正解救自己的人，其实只能是你自己。

嘿，又泡汤了

此汤非喝汤的汤，而是泡汤的汤。汤者，温泉也。虽然是个日本词儿，不过现在国内相当一部分人也开口闭口地"泡汤"了，算是一种时尚吧。

其实在国内，好好泡汤的机会不多，讲究泡汤的家庭也并不多。城市里的快节奏让家家户户多半以淋浴为主，莲洗带冲三分钟，方便快捷。即便在装修时心血来潮安一个浴缸，最后也往往成为了摆设。

可是，我就是如此地迷恋泡汤。忙碌了一周的周五下班时，是办公室里最"暗流汹涌"的时候。去shopping的MM拿出小镜子偷偷地补妆，去看电影的帅哥换上隐形眼镜，揉揉鼻梁。而我，稳如泰山，因为我的玫瑰之约的对象，是不会迟到、不考虑外表的神秘角色——浴缸。

据我所知，日本算是最迷恋"汤"的一族。凡是有汤的地方，都被开成了温泉旅馆。那么骨感的一个国度，却拥有几千家温泉旅馆，密度堪称世界第一。而且对于“汤”的讲究也到了无以复加的地步，日本境内每一个泉眼的地点、泉质、温度、功能及“不宜者”都公之于众。就算不能去温泉旅馆，无比忙碌的日本人也会每天在自家的浴缸里泡上几十分钟。

看过《非诚勿扰》之后，我和朋友亲自去日本感受了一下“热汤”。没想到向来睡眠不佳的我，竟然在泡汤之后鼾声大作。

泡汤可以让人消除疲劳、舒缓情绪的作用我们都知道。不仅如此，泡汤还具有清洁皮肤的功效，因为大量流汗，把塞在细毛孔里的废物排出，让皮肤变得有光泽。

另外，中医学主张头寒脚热最有益健康。我们因为在办公室久坐，都是上半身的温度比较高，很容易形成体寒。持续的泡汤，不但可以去除体寒，还可以让你的血液速度恢复正常，改善下半身肥胖。

于是，回国之后，我和好友不约而同置办了全套“汤料”，在家里感受北海道的轻松和健康。

成本很高吗？当然不会。一个浴盆，一缸热水，也叫做纯天然。如果家里浴室的条件真的不能泡汤，那就泡足。不管你用的是玫瑰花瓣的大俗套，还是小资情调的精油，只要汤够热，就是一锅好汤。

很多人把重点放在选择浴液上。产生很多浪漫泡泡的泡泡浴液，是一种双人式的情调，添加剂比较多；而所谓添加了精油的浴液，想要价格在二百元以下也是天方夜谭。所以，我觉得就功效而言，热水的效力已经足够。浴液的辅助作用，几乎可以忽略不计。

柔和的灯光，芬芳的泡泡，敷上一张面膜，把整个人泡在“汤”里，一天的烦恼和疲惫都随着一个个幻灭的泡泡烟消云散了。这时，跟我一起置办行头的好友打来电话，电话的另一端，传来一曲悠扬的轻音乐。

我不由自主地“呸”了一声，恶俗的小资情调！

她也“呸”，这叫享受生活！你可倒好，我准备了一下午，又是蜡烛，又是香塔的,好不容易酝酿出的好气氛都被你那边三俗的叫好声给破坏了。

我叫什么好了？这时，我的“敌敌畏机”配合地传来了郭德纲坏坏的调侃：活该！死去！

看到老友把汤当成了盛典，我最后不得不附加一句：泡汤，是一种放松的生活享受，别把它当成负累或刻意筹备的盛典，否则，泡汤的意义则真的泡汤了。

2. 偶尔用美食宠宠你的胃

相信大家都对这样的一幕十分难忘，那就是《瘦身男女》中疯狂减肥的郑秀文从一个肥婆变成曼妙女子的身影。从之前的暴饮暴食到后来的疯狂运动、节食，她为了美丽付出了相当大的代价。

实际上，我和大家一样，也有过疯狂的减肥经历。第一次意识到自己有些发胖是在万恶的青春期，后知后觉的我在某个清晨起床照镜子，发现自己怎么忽然大了一圈。当时家里还没有体重秤，出去一称才发现，一年没称体重的我足足胖了十五斤。这对十几岁已经有了美丽意识的我来说，简直就是晴天霹雳。

我沮丧，懊恼，后悔自己不该吃太多的巧克力雪糕，自怨自艾几天后，我决定迈出人生中崭新的一步——减肥。

可是当时信息传播并不像现在这么发达，网络还没有普及，也没有铺天盖地的美容瘦身知识供爱美的女孩参考，所以我的第一次减肥很快便以失败告终，因为我选择了最极端的减肥方法——三天苹果餐。到了第二天下午的时候，头晕眼花的我没有 Hold 住，冲进超市里买了一大堆零食。我开始意识到节食对我来说似乎行不通，为了瘦身成功，很快我便将目光投到了另一条捷径——吃减肥药。

其实市面上的减肥药吃完后产生的效果通常差不多：口渴，没有食欲，多吃几天之后，心脏便会感觉不舒服。

吃到第三天，虽然我已经明显感觉到了身体不适，但我仍然一意孤行地认为，自己正在做一件十分美好的事情，我会离自己的目标体重越来越近。事实上，我的裤子的确一天比一天宽松，但人也一天比一天没有力气。

十天后，这盒减肥药吃光了，我很高兴自己熬过了这痛苦的阶段，成功地美丽蜕变了。我对于十天内减掉了十一斤体重这个数字无比满意，但噩梦随之而来——停药后，我的食欲似乎比从前更好了，不管我怎么努力去克制。两个星期后，这十一斤又回到了我的身体上。

那之后，我便放弃了减肥，我想命运注定让我变成一个胖子。

我开始把注意力更多地放在了别的事物上，就在时间不知不觉地流淌之中，成年后的我逐渐变成了一个身材匀称的女人。

而在这个漫长的过程中，我不过是慢慢不再喜欢吃那些膨化食品，不再热衷碳酸饮料，爱上了散步和慢跑，更加关注如何让自己的身体摄取更多的养分而已。一切好像都是自然而然，曾经费尽心思想要得到的，随着时间流过不知不觉就得到了。

其实，减肥就是一件非常自然而简单的事情，并没有我们当初想象的那样复杂。想要拥有好的身材，就跟拥有好的身体一样，只需要做到简单的事：好好吃饭，保证充足的睡眠，多喝一些水。

在这里要特别强调的是，绝对不要用激进的方式减肥，比如三天苹果餐、断食之类，这些减肥方法只会打乱你的饮食结构。

如果你想要拥有好身材，就一定要学会偶尔用美食犒劳下自己，每个星期给自己制定一餐最想吃的，随便什么都好。你的胃得到满足的同时，你的大脑也会接收到满足的信号，这种信号对于我们来说是非常必要的。所以，从现在开始，不要每天都让自己做苦行僧，这就是保持完美身材的最佳捷径。

三、HOLD住礼节

说话的时候，常用“我们”开头

最近我的死党S推荐了一部好看的韩国电影《晚秋》，她在推荐的时候特别强调，这部电影里，由汤唯饰演的安娜很像我们的一位闺蜜——思佳。

因为S的强调，我在看这部电影的时候便格外留心，对比安娜和思佳的相似之处。这部电影中的安娜性格冷漠，话十分少，就跟我们现实中的朋友思佳一样，有着自己独特的魅力。

实际上，我个人非常欣赏思佳的性格，但如果非要我在S和思佳中选择一位最好相处的朋友，我会毫不犹豫地选择S。

S是那种亲和力非常好的女性，只要看到她就会感觉周身温暖，S不仅很注重保养自己，更可贵的是，她很会照顾周围人的情绪和感受。她还是一个十分有生活情趣的人，很喜欢自己做蛋糕、烤饼干，然后叫上朋友们一起分享美味，节日里更是经常收到S亲手制作的小礼物。见到陌生人，S总是会主动问候，所以在她工作的写字楼里，经常能看到其他公司的员工主动跟她打招呼。

S和思佳是性格截然不同的两个女性，她们都有着自己独特的闪光点。思佳给人的印象总是酷酷的，你不能指望她跟陌生人问好。走在路上的时候，思佳会戴上墨镜，因为是多年好友，所以我知道她有社交恐惧，她认为躲在墨镜后面会更安全。

思佳的朋友不多，她本身对于社交和个人发展的欲望也并不强烈，她的生活方式无可厚非，因为她在自己的世界中自得其乐。

但是，大部分女性渴望的都是另一个人生范本：给人留下温和、热爱生活、积极向上的好印象，就像我的死党S那样。

生活中，我们会发现有些人总是会给人留下尖酸刻薄的印象，即使他是在开玩笑，也会让人感觉心里很不舒服。

实际上，这些人并不是真的想要刻薄，而是不知道沟通的技巧。比如，我们经常会听到这样的玩笑话："你好像又胖了"，"你穿这件黄色的衣服显得脸色好差啊"……这种说者无心的话，很容易让听者产生厌恶感。

我们也会发现有些人在沟通上似乎很强势，这类人通常喜欢在谈话的时候不停地做手势，会以"我认为就是这样"等句式开头或者作为总结，主观意识强烈。其实，如果我们都能像S一样，善于找到沟通技巧，就会产生更好的效果。

无论是跟姐妹淘小聚，还是在公司的例会上发表看法，如果都能以"我们"开头，久而久之你会发现自己收获了更多的认同感，以柔和的句式开头，往往更容易让大家接受。

四、HOLD住衣橱

1. 穿“动物园”，也要穿出自己的Style

很多女性都要经历这样一个有点小痛的阶段：第一阶段，盲目的品牌追求者，认为名牌就是好的。于是，痛惜无数银两之后，终于迈向了第二个阶段，开始意识到搭配的重要性，但仍然坚持身上至少要有一到两个贵的单品，这样出门的时候才会感觉到气场强大。真正修炼到第三个阶段，实际上是非常困难的，因为第三个阶段就是终极境界，随心所欲搭配的阶段，不再去关注品牌和价格，几十块钱的衣服穿在身上也能穿出自己的Style。

从第一阶段过渡到第三阶段，需要相当漫长的累积，而我们在这个过程中所交的学费也是一笔很大的开销。不过，一切都是值得的，当终于抵达省钱又时尚的第三阶段时，你会发现自己的衣柜中缺少什么，你在心里都会准确无误地勾勒出它们的模样。

我所认为的时尚，就是不被任何外界事物所左右，拥有自己清晰的审美和判断能力，不盲目跟风，找准适合自己的风格。

现在在网店和各种批发市场里，你都能够淘到适合自己的单品。在衣海茫茫中准确无误地找到适合自己的那一件，就需要练就火眼金睛，你可以多看一些时尚杂志，或者在时尚网站上多看一些街拍搭配。为了避免自己采购到错误的单品，你可以在逛街的时候事先列好自己需要购买的物品清单。比如，一件有着蕾丝花边的黑色连衣裙，或者一双银色的高跟鞋，你可以随身携带个小本，在本上记录下它们的样子，越详细越好。

有位女作家曾说过，能把一件几万块的衣服穿在身上，看起来却不会给人距离感，是一种本领。我倒有相反的看法，如果能把一件几十块钱的衣服穿在身上看起来却很与众不同，才是超强的功力。

我的朋友奈奈就是一个身在时尚圈，却有着自己独特审美的女性。她从来不认为花几千块甚至上万块买一个名牌包是一件多么值得炫耀的事，反倒经常去西单或者动物园淘适合自己的单品。

很多女性都会认为只要沾上“时尚”二字，就要花很多的钱才能打造出这种感觉，其实，搭配是一件很奇妙的事，同样的一套搭配，稍微变换一下细节，就会有意想不到的效果。比如一套运动风格的衣服，把头发扎起来梳个马尾，整体看上去就会很学生气，很清秀。但如果搭配上一个比较酷的鸭舌帽，整个人看起来就会很潮。

所以，既省钱又能让自己看起来很时尚的办法，就是不妨多给自己买一些小单品。如果你的脸型很适合戴帽子，就给自己准备点不同类型的帽子，上街的时候会很加分。

2. 精致从精简开始，拒绝“杂货店衣橱”

大部分女人总是想拥有很多很多的物品：逛街的时候疯狂血拼，衣柜好像永远不够大，拼命告诉自己少买一些，却根本控制不住。

长期积累下来，家里好像变成了杂货店。早上上班的时候明明想穿那件红色的连衣裙，却怎么也寻不到它的踪影，周末闲暇的时候整理衣橱，又感觉手忙脚乱，无从下手。

最令人哭笑不得的是，虽然买了很多衣服，但是平日里穿的似乎永远都是那几套！

常常网购的姐妹们也会有这样的烦恼，收藏夹和购物车里永远塞满了物品，支付宝账单数额也居高不下，每次收到货品的时候都无限惊喜，可拆开袋子一看，却总是发现收到的衣服跟自己想象中的有差距。这究竟是什么原因呢？

如果你想变身为一位精致达人，从现在起就应该学会如何精简你的衣橱，不要觉得这是浪费的表现。如果你总是任自己的钱白白花在那些平日里你根本不会去穿的衣服上，而对自己的风格没有准确定位的话，便等于和“精致”二字彻底绝缘。所以，这个章节让我们好好学习一下如何管理自己的衣橱吧！

首先，我们要给自己找准定位。在三十岁之前，我们可能会喜欢上各种各样的风格：运动、混搭、英伦、甜美、复古、夜店等等。但是，我们生活中比较常穿的风格，最多也不会超过三种。如果你是个 OL，平时上班的时候穿职业装居多，周末或者晚上跟朋友出去的时候，会喜欢比较舒服的打扮。你的定位便是：职业装每个季节四套左右，运动混搭风格的衣服四套左右，再加上两套左右的夜店风衣服，就足够让你美美地过完三个月了。

找准定位之后，就先把你所需要的各种风格衣服，按照季节区分好，其他的，尤其是几个月都不穿一次的衣服，建议你把它们装进购物袋中，分别送给适合它们的朋友、同事。

你也可以经常在朋友圈中组织易物活动，大家时常交换下各自所需要的衣服、物品，既省钱又可以拉近彼此之间的距离。

将自己所喜欢的、适合自己的衣服按照春夏秋冬区分好，将非本季节的衣物放进整理箱里，顺便提醒一下，别忘记放樟脑丸。这样只留下一个季节的衣物，会让你的衣橱非常干净，你还需要一些小格子的整理箱，把内衣、袜子、小吊带之类的放进去，这样既节省空间，看上去又美观。

多买一些时尚的小物品，比如帽子、眼镜、戒指之类，它们的价格往往很便宜，却会在整体的搭配中起到很有 Feel 的作用。

可以把这些小物品摆在某个区域内，把房间重新布置一下，让它整体看上去更像一个充满品味的小店。你还需要一些透明的收纳鞋盒，将其他季节、暂时不穿的鞋子收纳进去，并用拍立得拍出鞋的样子，贴在盒子上便于找到。

当你的衣橱重新开始“呼吸”新鲜空气的时候，你会发现那些困扰你的问题都得到解决了。呈现在你眼前的会是一个充满自己个性的私密空间。

3. 打造属于你的月份“欲望清单”

我一直都觉得对于一个女人来说，最重要的能力是搞清楚自己究竟想要什么。有人可能会认为这是一件非常容易的事，其实不然，这很难。

很多女人去买一件衣服，仅仅是因为她看到自己的闺蜜穿了这件衣服很好看，却不会思考一下，这件衣服究竟适合不适合自己。很多时候，我们更多地会看到别人拥有了，自己也想要，然而这些物品，并不是自己内心中真正想要的。

都说女人是感性的，但是在购物这件事上，你需要有一个理性的大脑，像男人一样选择适合自己的物品。只有这样，你才能真正 Hold 住自己的经济状况，要知道，我们所拥有的每一分钱，大抵都是靠自己的努力所得。工作的时候很辛苦，所以我们才要更加了解自己的需求，继而享受这些物品带给我们的快乐。

美心是一位三十多岁的家庭主妇，因为老公很能赚钱，每个月都会给美心充足的购置费用。但是美心发现自己的财务状况并不是很好，常常到了月底就只剩下了几百块钱，这种生活让美心很没安全感，但是她又不知道问题究竟出在哪里。

实际上，美心是个狂热的跟风分子。她喜欢逛淘宝，只要看到哪个明星穿了哪件衣服，她觉得很漂亮，便会将同款的衣服买回来。即使自己穿上它并没有明星般的光芒，但下一次她仍然会抱有幻想。

美心还很喜欢跟周围朋友的风，看到 A 买了钻石项链，便和 A 一起去购买项链的店里寻找同样的款式。看到 B 新买了包包，美心也会觉得别人有的，自己必须拥有。

即使老公给自己的购置费用已经很多了，美心仍然觉得钱不够花，那些跟风来的物品，通常很快就被她扔在了角落里。美心虽然有足够的钱来购置物品，但是由于她没有明晰的购物方向，也分辨不出来什么物品才是自己真正想要的，才会导致现在这个局面。

所以，我们首先需要做的，便是每个月为自己制订详细的“欲望清单”。这份清单包括当月需要购买的衣服、鞋子、包包、配饰、护肤品、化妆品等。

我的建议是，护肤品和化妆品只买自己当月需要的，而不要盲目地囤货。要知道，你可能一时冲动购买了很多护肤品，这种举动不仅会让你的信用卡透支，还会让你的脸经常无法用到新鲜的护肤品，这对皮肤一点好处都没有。所以，护肤品只买当下需要的就好，彩妆买个礼盒套装，一个套装至少可以用上一年。

很多姐妹还存在这样的问题，认为自己有选择性障碍，比如要买一件打底衫，会在很多个颜色中无法抉择，分不清楚到底哪个颜色是自己想要的。实际上，在我们购买一件物品的时候，脑海中一定要清楚地知道，我们要用这件物品来搭配什么，几次训练后，你会发现你可以清晰地选择出你所要的颜色。所以，不购买颜色类似的物品和同类型、款式雷同的物品，也是十分必要的。

最重要的一点是，你必须为自己设置每个月的购置限额，比如你决定每个月花一千元购置衣物，你就会很自然地在这个区间内为自己选购物品。如果秋冬需要购买价格稍贵的外套，可以选择用信用卡分期付款的方式，每个月扣掉最低还款额所需要的费用，剩下的就是当月的购置支出费用。

你的清单越是清晰，你便越是会有一种成就感，因为，生活全在你的掌控之中。相信我，这种感觉非常美妙。

五、HOLD住气质

1. 像世界超模一样昂首阔步

小时候，我常常会偷穿妈妈的高跟鞋，在房间里像模特一样来回走动。我认为这很酷，也很有气质。所以从那时候开始，我的梦想便是希望自己成为T台模特。然而，长大后我发现梦想总是和现实差距太大，我的身高并没有达到职业模特的标准。

我相信很多女人在童年时代都有过类似的幻想。虽然成年后的我们没有机会成为真正的模特，但是我们同样可以走出模特的气场。

想想看，纵使你穿着价格不菲的名牌衣服，但是走起路来总是一副病怏怏的状态，你的回头率也并不会因为这套衣服而有所增加。

常常听人家说“气场气场”，其实我觉得气场无非就是自信，首先要相信自己是非常棒的，那么走起路来就会格外有气势。如果你经常逛街，留意路过的人，便总会在人群中发现很有气场的人，想想看，他们是怎么走路的。细心观察一下，你就会发现，他们无一例外，走起路来都是神采奕奕的。

现在很多年轻人都喜欢比较颓废的风格，认为那样很有型，走路的时候故意拖沓脚步，弯腰驼背。实际上，这是一种概念混淆，喜欢颓废风格不一定非要让自己显得邋里邋遢，很没神采。相反，走路的时候总是很有气势，无论到哪里都会很受欢迎。

提升自己的气场，除了心理暗示之外，借助一些小道具也是必不可少的。仔细想一下，穿高跟鞋走路的时候，是不是会比穿球鞋走路时更优雅，更有气质？穿不同风格的衣服，会让身体不知不觉有一种角色带入感：如果你今天出门穿得比较随意，走路的时候也会不太注意；如果你穿了一条紧身的连衣裙，配上高跟鞋和手拿包，步伐相对会注意很多。

所以，想要规范自己走路姿势的亲们，多穿一些约束力强的服饰吧，它们会让你变得更加迷人。

下面的小贴士会帮助你，让你从细节上 Copy 超模的步伐，赶快一起来学习下——

稍息立正站好

想拥有优雅的姿态，站姿是非常重要的前提。回忆一下我们的军训生活，是不是先从站姿练起的？只有站姿 OK 了，迈出的步子才会好看。

所以，各位亲们切记站立的时候，不要伸脖子或者弯腰驼背，两只腿保持一前一后。我们要保证自己的双脚平行打开，两只脚的距离在十厘米左右，双手自然地贴在身体上。自然呼吸，首先要有一个好的状态。

想象自己是一支圆规

有些人会有内八字或者外八字的困扰，这两个坏习惯改起来并不容易，但只要有毅力，长时间地规范练习，是可以改掉的。站立的时候，你可以把自己想象成一支圆规，双脚的脚尖略微分开，中间大概是一个拳头的距离。

学会走钢丝

好的走路方式会让你在视觉上看起来高了五厘米，不信？现在就教你如何拉长自己的身体。

当我们走路的时候，脚跟要先着地，形体在摆动的时候，纵向拉长，横向要收紧，这样在视觉上看起来会感觉很修长，想象自己是个正在被街拍的模特，像走钢丝一样，两个脚跟落在一条线上，会显瘦哦。

走路的时候，如果两条腿之间不留缝隙，会让你的身体看起来瘦长，如果有缝隙，就会显得人胖了一些。实际上，如果你感觉自己走的是一字步，那么状态就对了。

注意力度，不要太软

有些姐妹走起路来特别像林黛玉，弱不禁风的样子，感觉骨头软软的。实际上这种走路姿势早就OUT了，现在我们更喜欢的是有力量的、有活力的步伐。

当我们的脚落地的时候，腿部的肌肉要收紧，膝盖要用力，这样的步伐会显高，整体看起来也会很有气场。

2. 让自己拥有高贵的手和运动员的脚

二十五的宝儿从出生起到现在，除了简单的整理之外，几乎不让自己多做家务。宝儿喜欢各种颜色的指甲油，几乎每过三天，就会为自己的指甲更换新的颜色。在朋友圈里，宝儿是个公认的享乐派，时尚漂亮，很像传说中的白富美。

直到宝儿二十六岁的生日，请姐妹淘到家里开派对，大家才对这个美丽的芭比有了更深入的了解。

原来，宝儿并不是富二代，父母只是普通的工薪阶层。几年前，父亲因为对经商并不了解，投资失败，欠了几十万的债务。所以，宝儿从大三开始便身兼数职，像个发条娃娃一样马不停蹄地工作赚钱，虽然每个月收入不菲，但是因为一直帮家里还债，所以现在的宝儿还独自租住在一个不到三十平方米的小公寓里。令大家更惊讶的是，宝儿的公寓虽小，但是她却很会利用空间，品味也很好。

姐妹淘们从来没有听宝儿讲过自己的境遇，一方面非常佩服她的好心态，一方面劝宝儿更节省一些，最好把请钟点工的钱节省下来，还有每个月的洗衣费也是一笔不小的开销。

对此，宝儿却有自己的论调：的确，每个月如果不请钟点工，自己洗衣服的话，至少可以节省下来八百块钱。可是，这些琐事不仅会让她变得烦躁，抱怨生活，也会影响她工作的效率。她完全可以把这些时间利用起来赚更多的钱，所以，这些花销对她来说是值得的。她虽然不擅长家务，也不会做饭，但是家务她可以交给钟点工打理，洗衣服可以让洗衣店帮她解决，公寓周围又有很多既美味又便宜的餐厅，还可以提供送餐服务。所以，她一样可以把自己照顾得很好。

很多女性由于过于传统，尤其在婚后，总是希望自己能够一人分演两角。一边忙于工作扮演女强人，一边又希望自己幻化成温柔贤惠的好老婆，于是整天把自己搞得很累，就差“精分”了。因为长时间地超负荷工作，不满的情绪越来越多，所以老公自然就成了出气筒、受气包。这种情况导致的结果往往是，她认为自己付出了很多，而对方不仅不领情，同样也觉得自己付出了很多，至少，忍受了她那么多的抱怨和不满。

这种局面用一句话来概括足以：你明明想要的是苹果，最后却给了自己一个橘子。仔细想一想，为什么有些聪明的女人活得美好，活得优雅，气定神闲，而有些女人却让自己一辈子活在家务和忧愁中？

那是因为，这些聪明的女人掌握了一条必胜法则，那就是让自己有一双优雅的手，有一双运动员一样勤劳努力的脚。大部分时间，她们都奔赴在人生中更重要的事情上。如果想跟她们一样，拥有更加精彩的人生，从现在起，就把你的手从污水中拿出来，然后，让你那双安逸的脚快快行动吧！

3. 天籁般的声音，你的听觉名片

声音对一个人究竟有多重要？仔细回忆一下，你是否曾经在少女时代对某个电台午夜节目主持人的声音超级迷恋？只要听到对方的声音从广播里传出来，就会有一种难以抑制的欣喜。即使变成熟女后，也依然对一些细节格外关注，比如，男人的手一定要够好看，声音一定要有磁性，皮鞋一定要够干净。这些小细节总是能够最快地打动你，让你对眼前的这个人产生好感。

实际上，并不是只有女性才会关注这些小细节，男性同样会在意自己的约会对象是否有品位，指甲油有没有褪色的痕迹。

其实，男性比女性还要关注对方的声音，这件事我是从我的男性死党趴趴那里发现的。事情的起因是：趴趴总是在我耳边喋喋不休地想让我帮他介绍个女朋友,作为死党我实在不忍心眼睁睁看趴趴一直大龄单身下去，所以便将自己的另一个很不错的闺蜜小桃介绍给了他。

小桃身高一米六八，体重一百斤，勤俭持家，貌美如花。我打起了如意算盘：他们俩如果成了，趴趴肯定会非常感激我。结果就在他们约会后的第二天，趴趴打来电话，一番客套之后说自己配不上小桃。要多虚伪有多虚伪。后来在我的轮番轰炸下，趴趴才说出实情，小桃别的地方都挺好，就是开口之后那一口纯正的乡音，让他实在受不了。

在此之前，我完全没有意识到声音对于女性居然如此重要，但是从趴趴的一番描述下，我才知道，手不是女人的第二张脸，声音才是。那评判的标准究竟是什么？什么样的声音才算是有魅力的声音呢？

从大热的综艺节目《中国好声音》就能发现，在短短的几分钟里，一个声音有魅力的歌者可以让人们对他的声音念念不忘。而有些选手虽然唱功很好，歌声却不能打动人。这并不一定是因为其声音没有辨识度，大部分的原因则是这些选手虽然也是在唱歌，唱的却仅仅是旋律和歌词，而没有投入感情。

所以，如果你想要自己的声音充满魅力，那么感情便是头号前提。你的声音也许甜美，也许沙哑，也许普通，天生的声音条件并不是最重要的。假如你能够让自己的声音听上去很有感情，又能说一口熟练的普通话，它绝对会成为你的听觉名片，无论你走到哪里，都会给人深刻的印象。

如何让自己的声音变得更好更有魅力？下面透露几个练习的小办法——

变身新闻女主播

如果你是新闻女主播，你该如何对自己进行发声练习呢？

当然是没事儿就捧着书本朗读上面的文字，你可以多看一些播音主持方面的书，上面会有很多发声小游戏，会让你的练习变得有趣起来。

麦霸公主有没有

麦霸们的共同点就是：唱歌好听，什么歌都会，对自己相当自信。曾几何时，坐在 KTV 角落的你一定很羡慕吧？也曾幻想过，如果自己今夜做主角该有多激情。别失望，你一样可以成为全场瞩目的麦霸公主。

要知道，没有人生下来就会唱歌，唱歌越是好的人平时练习得越多。一开始你可能不太好意思，没关系，你可以一个人在下午半价时段欢唱几小时，一段时间之后，你会发现自己已然变成了麦霸公主有没有。

魔镜魔镜告诉我

不知道你发现没有，看电视的时候会发现很多主播有嘴歪的毛病，这是非常正常的现象，大部分人在说话的时候嘴巴都会偏向一侧，如果想要克服弱点，就要经常对着镜子练习。透过镜子，你可以清晰地看到自己的口型、表情、眼神。久而久之，你就会找到最有魅力的说话方式。

4.PASS 可怕的“二郎腿坐”

很多亲们只要一坐下，就会立刻呈“二郎腿”式，不美观倒是其次，这种坐法其实对身体有很大的危害性。下面就让我们来盘点一下可怕的“二郎腿坐”究竟会给我们带来怎样可怕的后果。

恐怖危害 1：严重影响腿形

爱美的亲们可要注意了，这种坐姿会直接导致腿形变丑，如果你发现自己的腿形莫名其妙地变得跟以前不一样了，没准“二郎腿”就是导致其改变的元凶。

因为老是把一条腿压在另一条腿上，时间久了可能会导致两只腿的粗细不均，还有可能会变成难看的 O 形腿或萝卜腿。

恐怖危害 2：静脉曲张找上门

现在的职场 MM 连续坐几个小时甚至一天都是常事，如果总是保持“二郎腿坐”，静脉曲张就会找上门来。

想想小腿上分布的那些暴丑的血管吧。很多 MM 总觉得，一到下午双腿就会水肿，高跟鞋里的脚仿佛也大了一号，这都是由于长时间的血液不循环引起的。

恐怖危害3：后背痛

现在中医推拿生意火爆，很多人常常会感觉后背十分不舒服，不仅疼痛还会感觉乏力，推拿之后就舒服了不少，但再过几天这种疼痛感又会袭来。其实，后背痛跟你的坐姿有很大关系，很多MM会感觉自己有颈椎病，这都是由于坐姿不对而产生的可怕后果。

恐怖危害4：关节提前老化

还不到三十岁，关节就已经跟五六十岁的阿姨一样，想想是不是很恐怖？这都是平时不注意坐姿和保暖导致的。膝关节是身体中非常重要的关节，如果你总是“二郎腿坐”，无形中就会对膝关节造成很大的损害。

恐怖危害5：妇科疾病没完没了

妇科疾病并不一定是不洁引起的，如果你平时很喜欢穿紧身牛仔裤，还习惯“二郎腿坐”，感染妇科疾病的可能性就会比不这么做的MM高出很多。

看了这么多危害，赶快Pass掉可怕的“二郎腿坐”吧！正确的坐姿不仅会让你看上去更加健康挺拔，而且那些各种恼人的病痛也会远离你。

5. 多一点爱好，让你魅力升温

常常听三十几岁的女人这样讲：其实我一开始也并不喜欢小孩，可是过了三十岁之后，好像整天无所事事。从前的爱好、兴趣也都变得不再吸引自己，这个时候不要个小孩，简直不知道活着还有什么意思。

在我二十五岁的时候，跟大家一样，对婚姻也很恐惧，那时候很想说服自己，消除这种恐婚心理。于是便总跟比自己年长几岁的女性聊天，想了解她们是如何克服的。

当时有一个我很信赖的姐姐，她曾这样告诉我：到了二十八九岁的时候，自然就会想结婚了，因为那时候身边的同龄闺蜜几乎都有了自己的家庭，因为年龄大了，自然会觉得自己跟很多场所格格不入，不再喜欢去PUB，也会感觉一个人坐在咖啡厅的场景很凄凉。当时的我还处在非常热衷社交的阶段，所以无法理解这位姐姐的话。但是随着年龄的增长，她所描述的感受我渐渐都可以清晰地感受到。

的确，人越是成长兴趣爱好就会变得越少。回忆过去所感兴趣的事物，如今都不再有任何兴趣。所以我一直认为，对于女人最重要的事情，是不断地挖掘自己的兴趣爱好，并且不让年龄限制住自己的所思所想。

菁菁从小就对钢琴有着浓厚的兴趣，但由于小时候家庭条件并不好，家里没有购买钢琴的经济实力。菁菁只能无数次幻想自己穿着白色的长裙，坐在钢琴前优雅弹奏的样子。

长大后，菁菁在一家规模不大的私企工作，除去每个月的房租水电、生活开销外，基本也存不了什么钱。

二十七岁那年，菁菁和自己的同事——一位薪水不高，但性格十分乐观的同龄人结婚了。两个人省吃俭用供了一套房，仍然是存不下什么钱。

改变，从三十岁生日那天开始。那天是个周末，老公说要出去给菁菁买生日蛋糕，菁菁一个人准备中午要吃的饭菜。这时候，门铃响了，菁菁打开门之后，看到几名送货人员抬着一架钢琴，点名要菁菁签收。菁菁感觉非常意外，要不是对方说出她的姓名，她甚至认为搞错了。看着被抬进房间里的钢琴，菁菁非常感动，她知道这是老公送给自己的生日礼物。

这时候电话响了，是老公发过来的短信："任何时候追寻自己想要的，都不会太迟。不要心疼钱，这架钢琴是我分期付款的。它至少可以存活三十年，平均算下来，每天才几角钱。亲爱的，生日快乐。"

菁菁从三十岁开始才第一次触碰到真实的钢琴键盘，她先是从简谱学起，有了一些基础后，报名参加了一个成人钢琴培训班。

三十六岁的时候，菁菁已经拥有了属于自己的钢琴培训班，她觉得现在的生活才是自己真正想要的，每天和小朋友们在一起唱歌弹琴，还有不错的收入。

设想一下，如果三十岁的时候，菁菁没有收到这架钢琴，依然缩手缩脚，不敢迈出这一步的话，三十六岁的菁菁也许依然待在那家小公司里，日复一日，生活不会有任何改变。

如果你有爱好，无论这爱好是什么，唱歌、跳舞、乐器、画画、插花、运动……都不要因为自己的年龄而放弃选择它们。有爱好的女人是充满魅力的，而我们需要不断地发现生活中的美好，才会让自己的每一天都过得精彩。

第二章

HOLD住气场，
要有大女人素质，小女人情怀

一、十大心理素质

1. 每天都给自己吃“正能量丸”

你相信正能量吗？你相信只要积极地朝着自己想要的目标努力，最终就会实现吗？你相信如果你对生活充满信心，最终生活就会回报给你好的结果吗？

如果我是你，我一定相信，因为相信这些对自己不会有任何坏处，那么，为什么我们不乐观一点呢？

要知道，悲观地过日子不会让情况变得好起来，如果每天让自己活在负面的情绪中，就好像把自己浸泡在苦涩的咖啡中。你常常说生活太苦，却不肯给自己吃一颗糖，如果你老是不给自己甜蜜的滋味，生活又怎么会为你呈现出美好的一面呢？

某段时间有个台湾电视剧非常地热，叫做《下一站幸福》，女主角是未婚妈妈，独自带着一个患有白血病的小孩。即使这样，由安以轩扮演的梁慕橙仍然非常乐观，即使是交不上房租的时候也没有自怨自艾抱怨命运的不公，而是以超强的韧性面对生活中遇见的种种困难。

其实，我一直觉得，独立并不是会洗衣服，会做饭，多么会照顾自己，独立是指能够独自面对生活中所遇见的一切困难，而且在面对这些困难的时候，有一颗正能量的心。

你可能会对此嗤之以鼻：这只是偶像剧啦，偶像剧都是骗小女生的。的确，偶像剧有包装的成分，男女主角会很好看很养眼，但抛开外表，在偶像剧中所发生的事情其实就是生活中常常发生的。只不过大部分女人从小生活在温室里，不知道人间疾苦罢了。

你一定参加过很多次婚礼，对婚礼上那几句常常听到的对白也耳熟能详：无论顺境、逆境、贫穷、富裕……这是伴侣之间需要做的一个约定，那一刻是神圣的，大抵有些生死相依的味道。

我们可不可以也跟自己做这样一个约定？无论贫穷还是富裕，顺境还是逆境，都要有颗平常心，不为富裕所动，也不为贫穷所困，不因曾经拥有过的奢侈生活窃喜，也不会为未知的今后感到担忧。

想象这世界上有一种叫做正能量的药丸，就像是每天都需要补充维生素，你只需要按时服用，就会感觉到身心愉快，充满能量。虽然它并不存在，虽然它只是我们潜意识里认为存在的，但你一样可以为自己打气加油。

无论是在工作中，还是面对情感问题，不知道细心的你有没有发现这样的现象：当你越没底气，越是否定自己，认为自己不够好的时候，这件事往往就会被你搞砸；而当你勇敢面对，相信自己一定可以做得很好，一定可以 Hold 住某件事、某个人的时候，局面就会为你所控。这就是神奇的正能量，而这种正能量就存在于我们的体内，是与生俱来的能力，只是有的人善于使用它，而有的人还没有发现关于它的秘密。

我知道很多时候你跟我一样没有底气，老是觉得自己不行，没关系，假如我们每天都给自己吃“正能量丸”，每天都给予自己鼓励，局面就会渐渐好转。总有一天，你会遇见最自信的自己。

2. 顺境美好，逆境从容

对于逆境，每个人都有自己的评判标准。

小 A 连续考了两年公务员都没考上，他觉得人生很多事都不能如自己的愿，对前途感到十分迷茫。

小 B 和相恋四年的男友分手，原因是对方劈腿，小 B 感觉人生灰暗，发誓再也不相信爱情了。

小C的父亲最近因为癌症去世，她觉得在生死面前自己是如此渺小，整个世界都坍塌了。

小D失业之后一直找不到合适的工作，口袋里常常只剩下十几块钱，他每天都在为生计发愁。

这四个人都感觉自己身在低谷中，爬上来的日期待定，希望似乎遥遥无期。

每个人一生中都会遇见一些难解的题，低谷和低谷之间没有可比性，就像每个人的抗压程度也会有所差别一样。可能你在感情路上身经百战，失恋这种事在你看来已经非常初级，丝毫伤害不到你。可是对于恋爱新手来说，失恋简直就是晴天霹雳，那种痛苦对于没有经历过太多感情的人来说也许跟失去亲人一样难以接受。所以，不管你遇见的难题有多难解，只要你认为自己正处在低谷中，我便能理解你的心情有多绝望，处境有多糟糕。

我想讲一讲我身边的朋友，为了便于阅读，这里就称呼她为小F。

小F是我非常要好的朋友，下面讲的故事，也是发生在小F身上的真实经历。小F在上大学的时候，暗恋一位比她高一级的学长，学长非常优秀，而小F则很自卑，觉得自己配不上他。暗恋就这样一直持续下去，直到学长毕业，小F怕以后再也见不到这个人，便鼓起勇气跟他表白。结果，却被对方非常坚定地拒绝了。

当时这件事对小F的打击很大，低迷了数个月之后，小F决定忘记学长，开始考研。但是，生活并没有因为她表白被拒而可怜她、对她展开笑颜，连续考了两年，小F仍然没有考上。迫于生计，她只好随便找了一份工作，每天都感觉自己像一具行尸走肉，虽然肉体依旧年轻，但心里却已经燃烧不起任何希望。

小F甚至觉得可能自己一辈子都会这样过下去。如果打击到了此刻就停止的话，我也不会觉得上天对小F有多残忍，真正残忍的是接下来的事情。

就在当年的秋天，小F的父亲因为一场交通事故永远地离开了她。直到这个时候，小F才意识到，之前失恋和考研的打击，根本就算不了什么，父亲的离世对自己来说才是真正的打击，这个打击太大，大到几乎要将她击垮。

那段时间，小F很想随父亲一走了之，她实在找不到任何生的意义。可是，料理完父亲的后事之后，小F才意识到一个更严酷的问题，那就是父亲生前曾经经营的公司有着很严重的亏损，父亲去世后，公司也随之倒闭了，债主纷纷上门讨要债务。

小F的妈妈之前一直养尊处优，自从跟她爸爸结婚之后就再也没有工作过，一直都过着非常安逸的生活。忽然面临丈夫离世，经济上的重大变故，她早就慌了神，天天以泪洗面。小F就是从那个时候开始发现自己的肉体不再麻木，仿佛重新拥有了一种力量。

有一个词叫做一夜长大，这个词用在当时的小F身上再合适不过。二十六岁的小F发现自己忽然长大了，她决定在生与死之间，选择生存下去，因为她实在不能够接受自己像个懦夫一样把妈妈一个人丢在人世间，孤苦无依。

如今，小F三十二岁。六年间，小F换过无数个工作，从最开始的销售、客服，到现在知名营销公司的运营总监。小F每个月薪水的三分之一用来还债，三分之一用来生活开销，另外的三分之一用来支付母亲的生活费。

这些年，小F虽然吃过很多苦，但她却感觉自己的每一步都走得从容，走得坚定。现在的她，无论遇见什么事，都不会感觉有多糟糕，她说："生活已经展现过最残酷的一面给我，接下来也没什么可怕的。"

这就是小F的故事，它打动你了吗?

很多知名艺术学院的表演课上，都有这样的学习内容，老师会让学生用三种不同的人物性格来演绎同一件事。

比如，演绎失业：

1. 用乐观积极的心态；

2. 用悲观消极的心态；

3. 用十分焦虑的心态。

结果学生们会发现，用不同的心态来演绎同一件事情，就会产生不同的效果。如果这是一道选择题，你会选择哪一个呢？

3. “会说话”的女人最有魅力

我一直都觉得“会说话”是一种能力，搞笑一点说的话，我觉得它应该被列入才艺展示的范围。

你一定发现身边有这样一些男性，他们既没有很多钱，长得也没有多帅，但是他们却总是能让你感觉心情很好，似乎说话格外中听。这样的男性，就算你不会喜欢上他，但总不至于会讨厌他。千万别以为想要给人留下好印象，只要说些好听的话就可以了。说好听的话谁都会，但不是每个人都能把话说得既好听又不留痕迹，让对方察觉不出来是刻意为之。

同样，如果一个女人很会说话，也会让周围的人对她产生好感，何况，在现在的社会中，女性往往比男性更容易得到大家的认同。

果果是一家时尚杂志的主编，她的工作能力一级棒，但是周围的同事在私下里却对她并不认同。果果虽然很有能力，却不擅长沟通，本来可以好好沟通的问题，她传达给下属的时候，却总是给人非常刻薄的印象。大家都觉得果果很不好相处，要求又苛刻。美编小桃格外讨厌她，好几次辛苦排好的版就因为果果的一句话又需重新做，搞得小桃相当郁闷。我们可以来玩一个角色扮演游戏，如果你是果果，想要让小桃重新做版面，会如何跟她沟通呢？

我的版本是，温和地告诉小桃，现在杂志销量不好，所以想在二月做一个跟情人节有关的版面。因为编辑也是后期才有这样的想法，所以导致小桃的版本需要重新做。希望小桃可以帮这个忙，能够让杂志销量好起来，渡过难关。并贴心地说，回头请她吃冰淇淋之类的话。

如果果果用这个温和版，小桃就算不开心也不至于反感。本来可以和同事相处融洽，果果却认为只要自己有工作能力就够了，根本不需要做这些无谓的事。久而久之，人际关系自然糟成一团。实际上，能够跟同事相处融洽也是工作的一部分，尤其是部门领导，更要注重人性化管理。

现在很多亲们都比较迷恋星座和血型分析，比如白羊座的人心直口快，O 型血的人比较随和之类。星座和血型可能会对这方面有些影响，但我认为“会说话”这项才艺展示完全可以后天培养，就像跳舞一样，是可以后天苦练出来的。

只要自己平时多注意，尽量不要让自己说话不经过大脑，多跟那些“会说话”的族群接触，仔细聆听他们的说话方式，偷学几招，保证会让你大有进步。

4. 痛惜“舍掉”的不如享受“得到”的

有句话说，人们之所以痛苦，是因为放不下过去。仔细想想似乎很有道理，我们总是习惯回忆过去，纠结那些已经不可能再重来的事。

曾经的恋情好可惜，当时为什么那么冲动地分手呢，如果再给自己一次机会，一定不会那么莽撞，可是，一切都不能再重演。曾经多喜欢一件衣服，逛街的时候就是舍不得买，等到终于狠下了心，却怎么都寻不到它的踪影。当初为什么会那么愚蠢地心疼钱呢，结果错过了那么美的衣服。

曾经有一个多好的机会摆在眼前，可以去更大更好的城市发展，却因为一些原因选择了留下，留下后却总是会幻想，如果当时没有放弃那个机会，会不会已经过上了自己想要的生活？曾经太单纯，总觉得物质不重要，可是真正结婚后却发现没有物质做基础的生活举步维艰。本来有机会选择更好的男人，现在却只能像个怨妇一样为柴米油盐而发愁。

曾经，无论你还是我，都因为自己当时的决定放弃掉了很多很多。我不相信这个世界上有不会后悔的人，后悔这件事就跟必须吃饭一样，随时随地都有可能发生。

我们都因为曾经的决定懊恼过，后悔过。人人都渴望后悔药，人人都想拥有穿越的本领。而实际上，当我们真正静下心去思考人生的意义，就会发现，人生本来就是一场无目的的旅行。在这场旅行中，我们注定要一直行走，也注定要跟过去的人和事物一一告别。无论过去所做的决定是正确的还是错误的，我们的人生都必须一直向前，虽然过程会有所不同。但是，如果我们只把它当做一种人生中必要的经历，一切矛盾自然就会迎刃而解。

回忆过去和迷恋过去，就好像是在眼睛上蒙了一块黑布，这块黑布代表了那些回不去的曾经，挡住的却是美好的现在。如果你老是活在记忆里出不来，老是对那些已经失去的人和事耿耿于怀，就会一直处在恶性循环里，因为你牺牲的是现在的时间。

你完全可以用现在的时间做更多有意义且美好的事，这才是聪明人所为。坦然接受现在拥有的一切，不再纠结已经失去的一切，无论现在拥有什么，都好好去享受它，这才是你应该做的、正确的选择。

假如明天就是世界末日，今天的你会怎么过呢？你会选择用最后的一天纠结你已经失去的，还是好好享受这所剩不多的时间？

你也许会说，明天又不是真的世界末日。可是亲爱的，生命短暂，世事无常，我们任何人都不能知晓生命究竟到哪一天停止。我们总是认为，时间还多，日子还长，可是仔细想想，这是不是自己的一相情愿呢？

曾经发生过的一切都不重要，未来即将发生的一切也不重要，只有此刻、现在、当下你所拥有的一切才最重要。好好爱自己，做好眼前事，爱着此刻陪伴在你身边的家人和朋友，不再给自己制订过多的、恼人的计划，也不再逼迫自己一定要成功。亲爱的，做好今天，过好今天，相信我，美好的事情总会找上你的。

5. 有目标的人生才不会迷茫

有一天跟闺蜜在网上聊天，我们同时发给对方一句：真无聊。这三个字仿佛成了排行榜榜首的口头禅，我在上至九十几岁的外婆和下至六岁的外甥嘴里都常听到这句话。我知道，我们大家都会这样，经常感觉到了无生趣。无聊的原因有很多，有的人可能是因为兴趣爱好少，而更多人则是因为没有目标。

没有目标其实是件很可怕的事，因为我们嘴里说的目标，其实就是理想和梦想，是我们想要去实现的事。当我们实现一个目标之后，最好紧跟上另外一个目标，这样才活得有劲头，才不容易空虚。

尤其是年轻的时候，尽量不要让自己样样都得到。什么都很容易得到的人，更容易活得没有目标，因为任何目标看来都太容易实现了，这样反而不好。

马苏就是这样一个什么都很容易得到的女孩，因为家境很好，所以在物质上，马苏想要什么父母都会满足，在感情上，也从来都是众星捧月。因此，马苏一直都有很强烈的优越感，这种优越感的另一个说法就是自信，这种自信使她在很多领域都非常优秀。功课好，多才多艺，平时又很大方，所以人缘相当不错。马苏虽然得到了很多同龄人无法得到的东西，但她却常常感觉不快乐，因为一切好像都在预料中，人生对于马苏来说没有任何惊喜。

实际上，那些不容易达到目标的人，往往更容易感觉到内心充实。就好像登山队员，内心的满足感其实就在登上山顶的那一瞬间，而漫长的过程中，支撑着自己前进的力量，就是想到达到目标时的满足感。

如果你感觉到此刻的生活有些迷茫，不妨给自己找个目标吧，什么都好，哪怕是减肥，改变自己某个坏习惯，或者存钱。只有明确的目标，才会让你的人生充满激情，生活究竟是什么样子，实际上取决你的内心。

6. 失约，失信并不是酷

你的身边有迟到大王吗？他们通常会比约定的时间晚半个小时，借口就相当多了：堵车；哎呀临出门才想起来忘记带钥匙；小 M 忽然打家里的电话说她失恋了，你是知道我多么善良，我实在不忍心挂掉小 M 的电话，所以，不好意思了。

一次两次还好，如果每次跟迟到大王约会都是如此局面的话，渐渐地，你会丧失掉想要跟他约会的欲望吧。

其实，我觉得闺蜜之间，互相等一等还好。毕竟，这种迟到不是故意为之，而是迟到大王的小小缺陷罢了。可是有这样一种女性，她们的迟到行为掺杂了某种故意和炫耀的成分，她们的观念往往是这样的：男人等我，天经地义，想要跟我约会，多等一会儿都等不了吗？

瞧瞧，骨子里就带有强烈的女权色彩，认为男人为她上刀山下火海都不为过，给他们这样的机会，完全是看得起他们。

这种心态就是典型的公主病心态，很多女性会以此为荣，认为自己很有魅力。实际上，我觉得这样一点魅力都没有，反倒很为自己减分。对方可能对你的迟到行为感到不悦，只是出于好涵养，不表现出来罢了。比较起来，这种具有绅士品格的男性才更有魅力吧？

最过分的是，这世界上有另外一种生物，她们比迟到大王的级别还高，还恐怖，那就是放鸽子大王！有些女性过日子完全是随机的，跟着感觉走，可能前一天忽然想吃必胜客，跟朋友定完之后，第二天临近约会，忽然就不想去了，而是想在家继续睡觉。对于自己的举动不仅没有丝毫的愧疚感，反倒认为这样生活很酷，完全随性为之。

我一直都觉得随性没什么不好，但与此同时，随性是一件非常私人的事，在不影响他人的前提下，不给他人造成困扰的情况下，无论你怎么随性都可以。但是，失约这件事跟随性却是两个概念，而且，一点也不酷。

想象一下，如果你的身边也有这种迟到大王、放鸽子大王，而你屡屡遭受“被迟”“被放”，几次下来，你还想跟这样的人打交道吗？就像小时候我们都听过的狼来了的故事，我们渐渐就会失去信任感。

所以，如果你有这种不好的习惯，一定要想办法改掉，真的有事不能去的话，提前通知对方一声。每个人都是有自己的时间表的，不要轻易去打乱对方的计划，这是对朋友、对周围的人最起码的尊重。

这世界上还有一种王叫做大话王，这种人为人貌似仗义，什么事都习惯揽上身，几乎是有求必应，但是往往答应完别人的事转身就会忘记，因为答应的事实在太多了。大话王起初都会给人非常好的印象，可是相处一段时间后，周围的人都会给他们贴上“不靠谱”的标签。

如果你不想做大话王，就要记得不要轻易答应别人事情，答应的事就要尽量完成。比起失约，失信是更加让人崩溃的事。

当你答应别人一件事的时候，对方把满满的期待都放在了你的身上。失望的滋味很不好受，相信你一定体会过。没有把握的事，宁愿不要答应对方，也不要给对方很大的希望，希望落空的那一刻，就是失望，让人失望可不厚道啊。

所以，我们都要反思一下自己，坚决不做这三种“王”，做一个诚实可靠讲信用的靠谱青年吧！

7. 顶级修炼，做一个温柔的倾听者

有两家电台的主持人，都在主持一档情感栏目。

A 台主持人的风格很麻辣，经常在节目中大骂打进热线的听众，帮人分析情感问题时十分主观，很多听众都会被她骂哭。

B 台主持人走的则是温情路线。她话不多，大部分时间都是在倾听，等到对方停顿的时候，轻言细语地帮助分析问题。角度很客观，偶尔说几句安慰的话，却妥帖得刚刚好。

起初，A 台主持人的风格很被看好，在本城也掀起一阵波动，很多人都在谈论她，觉得她的风格很新鲜，让人觉得刺激。可时间久了，新鲜感过去，周围不再有人谈论 A 台那个麻辣主持，反倒在失意时，会想到给 B 台的主持人打个热线。

没有人天生喜欢在诉说自己的麻烦时，对方总是强势地劈头盖脸骂过来，一两次可能还会觉得“忠言逆耳利于行”，但几次下来之后，绝对会丧失倾诉的欲望。

你的身边是否有这样一位微笑女神，她仿佛懂得你所有的苦楚，无论你向她描述的事情有多不堪，她似乎都发自内心地理解你，包容你。

微笑女神注定是个有故事的人，曾经经历过感情的创伤，曾经经历过人生的失意。她可能家境较好，但却不是温室花朵，少女时代便开始独居生活，一个人在外打拼，懂得人间疾苦，但在经历疾苦之后却仍能保持一

颗积极向上且美好的心。

微笑女神并不物质，她很清楚自己想要什么，她们大多有些艺术气质，可以很好地料理生活，照顾身边人。几乎在每个朋友圈里，都有这样一位微笑女神，当大家说话的时候，她常常报以微笑，仔细聆听着对方的话语。

微笑女神是朋友圈中的知心姐姐，温柔是她的气场，微笑是她的标志。也许在一群时尚高调的美女中间，微笑女神并不是最显眼的那一个，她好像是一杯醇香的红酒，需要慢慢品味，但是这种美却最为持久。

我一直都以微笑女神为榜样，把这种类型的女性当成人生范本。我欣赏她们的做派，总是人前温和，把落寞孤独留给自己。

如果你也想修炼成微笑女神的话，就仔细找一找她们的特质吧。当然，修炼并非一天两天，能够随时保持好的心态，人前温柔倾听，实际上这是非常难做到的。但是，只要你朝着目标努力，总有一天你可以修炼成人见人爱的微笑女神。

懂得温柔倾听的女人是美丽的，这种美丽是有光环的。2012 年夏天热播的《中国好声音》里的吉克隽逸就拥有着这样的光环。当媒体为她投票的时候，全场 99 家媒体，她获得了 97 票近乎满票的成绩，这全都是因为她身上有一种让人安宁下来的力量。她没有雪白的肤色，是大山中的女孩，可是她向大家证明了，一个女人最美的，不是她的外表，而是一颗有爱的心。

8. 想拥有女王的好运，就先像女王一样自信

这世界上有一种女人，其实算不上美女，但她们非常非常非常地自信。比如已经是几个小孩妈妈的台湾女明星小 S，单单对比她和大 S，估计十个人会有九个人投票给姐姐，的确，大 S 比小 S 更美。

可是，小 S 身上却有一种强大的气场，即使姐妹同台站在一起，小 S 也绝对不会露怯，她整个人传达出来的讯息都表明，她认为自己比姐姐更漂亮，更有气质。

而在生活中，我也遇见过很多本身是美女的女孩子，她们却好像都是处女座的——对自己相当挑剔。其实在普通人眼里，她们绝对是非常出挑的美女，可是她们仍然会嫌弃自己的鼻子不够高，嘴巴不够小，眼睛不够大，皮肤不够白，体重不够轻。所以现在跑去整容，打瘦脸针、美白针的女孩子才会越来越多。难道真的是越完美的人越是要求完美吗？实际上，我觉得这是对自己不够自信的表现。

如果你老是拿自己的缺点跟别人的优点比较，你又怎么可能胜出呢？完美主义并不是坏事，但前提是，你的心中要真的认为自己已经很好，只不过想要向更好的方向迈进而已。

仔细观察一下，那些对自己非常自信的女性，往往会好运连连，这究竟是什么原因呢？那是因为她们在遇见任何事情的时候，选择的都是主动争取。也许从表面上来看，她们并不是主动的，而是被动地等来了属于自己的好运和幸福。实际上，够自信就等于对自己有把握，有把握的人往往会主动出击争取幸福，而不是像没有自信的女性一样，在机会到来的时候只会任凭它白白溜走。

自信的女性和不自信的女性，在思维模式上就有着本质的不同。不自信的女性即使遇见了高富帅，也会下意识地想：他条件那么好，怎么可能真的看上我，肯定是想跟我玩玩的。但自信的女性就会认为：看上我完全是意料之中，有钱又不是坏事。

常常听周围的年轻女孩抱怨：“为什么我就遇不到又有钱对我又好的男人？”实际上，也许你已经遇见过无数个这样的男人了，但是都被你的消极思维拒之门外，如果你在潜意识里就认为这样的男人与自己无缘，又怎么可能收获到自己想要的幸福呢？

草莓和柠檬是我的两个闺蜜，两个人有着截然不同的思维模式。

草莓属于早婚族，二十四岁的时候因为老是感觉Hold不住男友，所以发现自己怀孕后便立刻逼婚了。草莓家境不错，从十九岁开始便和男友交往，两个人的所有开销几乎都是草莓在承担。周围的朋友看不过去，曾经劝过她：“你这样下去，他只会越来越不在乎你，女人就应该有女人的身价，老给男人花钱做什么呢？”

草莓也知道自己这样不好，但是她仍然坚持自己的方式：我又不是美女，不对他好一点，他凭什么跟我在一起呢？其实，草莓虽然算不上美女，但是却有着独特的气质，品位也不错，实在没必要过着这种低眉顺眼、盲目倒贴，还要时不时看对方脸色的生活。

她当时的男友、现在的老公对她的态度总是很冷淡，好像草莓做什么都是天经地义的。出去逛街，草莓连双袜子都不舍得给自己买，刷卡给他买奢侈品却连眉头都不会皱一下。

柠檬跟草莓的做派完全不同。柠檬交往过很多个男友，她不会料理家务，脾气也不好，对男友简直像是对奴仆，总是呼之即来挥之即去。可是她的男友无一例外都非常宠爱她，也会经常送一些贵重的礼物。草莓劝柠檬偶尔回礼，柠檬却不以为然：“女人天生就是用来宠爱的，回礼做什么，我接受他的礼物，他应该感觉到幸福才对。”

也许亲爱的你会觉得柠檬太过霸道，其实，柠檬和草莓选择的是两种不同人生。柠檬选择做女王，草莓选择做侍女。如果你想像柠檬一样拥有女王的人生，首先就要改变自己的思维模式，培养自己的女王气场。只有像女王一样自信，你才可能拥有像女王一样的人生。

·私密手册·

亲，千万别为他做这些傻事

别以为有了小孩就能套牢他

不是每个男人都想当老爸的，即使他口口声声说他多想要个小孩。太多的二奶、三奶生完小孩后，还是当不上大老婆，更惨的是连抚养费都得自己张罗。传宗接代的任务完成了，你是升格当了娘没错，可他不见得愿意当爹啊。

睁只眼闭只眼就没事

你知道他就是风流成性，男人嘛，逢场作戏本是天经地义。于是你打定主意，大家各过各的，反正你是大老婆，而男人玩玩总会回头。事情是这样没错，但你又不是李英爱，干吗演个坚韧不拔的大长今？

不烦我就不碍事

现代人生活忙碌，分隔两地的状况比比皆是。谁规定两人生活一定要在同一地方过呢？大家各忙各的，各过各的日子，也不会互相干扰，这样不是很好吗？等到某天你发现，想要结束这种状况却不是你能掌控的时候，那可不是晴天霹雳就能形容的：空间带来的只是距离，却不等于解决麻烦。

海誓山盟当饭吃

他说他爱你，“不爱江山只爱你”，就算跟全世界作对也在所不惜。这真是太感动了……可惜，他不是温莎公爵，所以他说的不算海誓山盟，更不能当真，你把海誓山盟当饭吃更是愚不可及。

浪子也能有真感情

你遇上一个无敌帅哥，无论他怎么帅气、完美、温柔、多情、体贴……具备各式各样白马王子的条件，你还是忘记了：浪子就是浪子，对你的好只是本性，而非真感情。于是你就这样陷下去，最后无法收拾的人当然是你。

万夫莫敌“帮夫运”

你跟他在工作上是最佳拍档，“鱼帮水，水帮鱼”。所以你暗忖，除非他脑袋坏了，才不想跟你认真。好吧，真相就是，“男人会吃窝边草”，而且“吃了就落跑”。你虽然是他的“帮夫运”，但是他不见得想当你老公，于是你只好面对“赔了夫人又折兵”的下场。

低调是治疗花心的特效药

帅哥人人爱，帅哥人人抢，当你跟一个帅哥交往，你当然希望万事如意。只是，你拥有了他，也不愿意成天过着备受瞩目的日子。所以你就听从他的意思，低调一点才能长长久久。然后等到你低调到实在是不行了，他的身边也多了个别人。只有你，还不知情！

9. 愤怒让你变得“丑陋”

这不是想当然，更不是危言耸听，而是有科学根据的。人在生气和愤怒的时候，体内会分泌一种物质，这种物质会导致面部发生变化。不信的同学可以在下次生气的时候对着镜子观察一下。

很多姐妹会认为爱生气是脾气不好，是天生的性格问题。其实，人的很多特质都是后天养成的，容易生气和生活习惯也有直接关系。如果你平时工作压力很大，作息时间不规律，又喜欢吃快餐之类的话，就会很容易烦躁易怒。

为什么我们会觉得运动员大多给人阳光、好脾气的印象？是因为常常运动的人体内会分泌更多的多巴胺，所以，经常运动的人，大多比较平易近人。

如果想让自己变成好脾气的温柔姑娘，就改变下自己的生活习惯吧。当然，情绪控制也是我们的必修课，一个人只有拥有控制情绪的本领，才不会任凭自己被情绪所控制、所左右。

如果我们能多试着让自己站在别人的角度上思考的话，就不会觉得对方的做法是那么地不可理喻。很多时候，我们生气、恼火，都是因为站在自己的角度上考虑问题,想当然地认为如果同样的事情发生在自己的身上，一定可以有更好的解决办法。

想让自己变得更漂亮更优雅的话，就先改掉自己容易发火的坏习惯吧！不要觉得改变自己是件很困难的事，做一个好的情绪管理者，也是人生中重要的课题。下面有几个小招数，可以帮助你控制情绪。

首先，你要想办法让自己HIGH起来

很多MM都是爆发型选手，平时总是压抑自己，有心事不说，有痛苦不讲，要多苦情有多苦情。这样长期积累下来，坏情绪就像怪兽般潜伏在身体内。等积累到一个不得不崩溃的点时，那个踩到雷区的人就彻底遭殃了。所以，平时就对自己好一点吧，有什么小愿望，尽量去满足自己，

只有自己真正感觉到充实快乐，情绪才会好。

让自己的人生变成轻喜剧

我有个双鱼座闺蜜平时很爱幻想，经常把自己幻想成韩剧女主角，不是出了车祸就是得了癌症。她总是在思考这样一个问题：假如有一天她死了，谁会为此感到难过?

双鱼座闺蜜因为老是患得患失，所以情绪化得厉害，前一刻还很开心，后一刻就可能泪流满面。跟她相处的人都会感觉很头疼。

另一个天蝎座的闺蜜完全是相反的版本，她总是活得很简单很快乐，话很多也很搞笑，偶尔静下来的时候你会认为她有心事，一问才知道她只是在思考晚上到底要吃点什么。

如果我们都能像这位天蝎座闺蜜一样，活得简单，甚至有点雷人的话，人生就会轻松起来。总是在这种轻松的氛围中，人自然就生不起气来了。

找到专属自己的发泄方式

其实，发泄的方式有很多，比如疯狂运动。当自己累得筋疲力尽，会发现很多事情都豁然开朗了。再或者，跑到山顶将心里的怨气都大声地喊出来。大哭一场，在纸上写出想骂的话，然后撕成碎片冲下马桶去。

方式固然很多，但找到适合自己的方式最重要。把心中的怨念发泄出来，总好过跟身边的人乱发脾气。

10. 想要Hold住生活，先从拒绝开始

作为女人，比男人要多很多拒绝人的机会。无论是去美发造型店，还是去美容院，都少不了被游说消费。有些女人非常理性，也懂得如何说不。但是大部分女性在面对这类问题的时候，往往都不知道该如何拒绝，半推半就下就办了会员卡，钱总是花得莫名其妙。

被人搭讪要电话号码，不知道如何说不，把电话号码留给自己并不心仪的对象，经常忍受对方没完没了的骚扰，无奈之下只能更换电话号码。被人追，又不知道该怎么拒绝才能不伤害对方，要么就把话说得软绵绵，

对方听得云里雾里，也听不出拒绝意味；要么就索性放狠话，将对方一棒子打死，连朋友也做不了。周末的时候本想宅在家好好休息一下，却接到朋友的电话想要去PUB。想到那个烟雾缭绕、酒精不断的场景头就跟着疼起来，但又好像被施了魔法般开始穿衣化妆准备出门。

这一切的一切，都是因为你不懂拒绝。一个不懂拒绝的人，连自己都Hold不住，又怎么能Hold住生活呢？

田田给人的印象十分和善，可她的这种和善似乎有点过了头，对任何人，田田都是同样的态度。本来只要做完分内的工作就OK了，可是田田总会抢着做一些非分内的工作，比如早晚打扫办公室，为每个同事冲咖啡等等。久而久之，周围的同事都习惯了，若是某一天田田因为身体不适没有做这些事，他们反倒会抱怨她。小A的工作没有做完，也会时不时推给田田来做，而自己则提前下班出去约会。小B总是把一堆文件丢到她面前让她帮忙整理，自己却躲在洗手间里煲电话粥。渐渐地，田田总是感觉手忙脚乱，每天都有做不完的事情。她告诉自己，下一次一定要坚定地拒绝，可是话到嘴边，却不知道该怎么说出口。

其实，拒绝并没有那么难以启齿，你也无需思考太多，别人不会因为你的拒绝受多大影响，这也并不是什么伤天害理的事。有些姑娘认为拒绝别人很不厚道，也很不善良。但是，盲目地让自己不停地迁就别人，就是善良吗？

面对自己不想要的人与事，我们都要勇敢地说“不”。前提是你最好用一种礼貌且柔和的态度，向对方表明你的立场，而不是用不耐烦的、被打扰到的语气。只有勇敢地迈出这一步，我们才能真正地掌控生活。

二、四种幸福品格

1. 学会善良

很多姐妹都会在被欺负的时候说："都是因为我太善良了！"

实际上，这是一种概念混淆，"善良"和"软弱可欺"是不同的两个概念。我所认为的善良，是看过了人世间的很多黑暗面，经历过不公，被人中伤之后，依然能够保持一颗相信世间美好的内心。

其实，善良就住在我们的内心，它不一定是在看到自己的同胞遇难时捐助巨额资产，也不一定是多么夸张多么大善的举动。更多时候，它是内心中的一种感悟，当我们的心中真正具备这种特质的时候，才会由内而外散发出来。

常常听人讲，喜欢艺术的人往往很善良，这样的人内心通常比较明净。德国的诗人歌德，有一次听到贝多芬的交响乐，顿时觉得很感动，站在原地不知不觉泪水就流了满脸。俄罗斯一位很有名的画家去森林里写生，他走到山崖边，正是清晨。当他看到太阳从另一边缓缓升起，映照出那样美丽的景色，也激动地流下了眼泪。

而在生活中，你是不是也跟他们一样，常常会因为一部电影、一首歌、一个场景，甚至是一处美丽的景色而非常感动呢？

在快节奏的城市中，我们因为巨大的生活压力而越来越少感动，我们甚至没有时间去感叹人间疾苦，因为搞定自己的生活就已经很困难了。

所以，内心中的善良就变得更为重要。只有我们的内心拥有善良，当我们看到弱小的动物和需要帮助的人们时才会伸出援助之手，才会愿意成为别人黑暗中的那一点点光亮。

在我看来，善良在很大程度上就是内心充满爱的能量，如果一个人不具备善良的能力，也就丧失了爱的能力。越来越多的人评判别人的标准渐渐变成了这个人是否富有，而忽略了人性中最重要的部分——善良。

我们经常会听到很多衣食无忧的年轻女性喊人生无聊。她们明明拥有很多名牌包，也有很多人追，去一次PUB就可以刷几千块钱的卡，可是她们仍然会觉得生活中少了些什么。这正是因为，物质虽然是每个人都在追逐的，但是仅仅拥有物质的人生远远不够。

我们不能在拥有了好的物质生活之后，就丢失了内心中对于善、对于美好的追求的原始本能。内心保有善良，拥有一份最原始的感动，你会渐渐发现，当我们去付出爱的时候，远比我们收获爱的时候更加幸福。

不知道大家有没有注意到，经常在地铁上能够遇见卖纸巾的聋哑人。因为无法说话，他们只能举着一张纸牌，上面写着自己的境况，希望大家可以拿出一元钱来买包纸巾。

遇见这种情况的时候，我都会掏出钱来买。身边有很多人劝过我，劝解的话大抵如此：都是骗人的啦，他们比你都富有，你干吗乱发善心。听到这样的话，我都会一笑了之。

的确，我是不能够确定对方究竟是不是聋哑人，我会掏钱来买纸巾，并不是同情心泛滥。这些孩子不过是通过自己的劳动赚取生活费用，每一分钱都来自他们的汗水，至于他们是正常人还是聋哑人，又有什么关系呢？

不去深究，不去暗自揣测，保持内心中简单的美好，这就是我所认为的善良。

2. 学会宽容

阿雅是我从小玩到大的好朋友，平时又住在一个小区，所以见面的机会很多。阿雅在闲暇时就会跑到我的公寓来，聊的话题都是她和她老公的一些生活琐事。从阿雅身上我发现一个现象，那就是结了婚的女性的确会更容易抱怨生活。单身的时候，面对的事情都是自己的居多，只要把自己的事情处理好就行了。但是婚后，阿雅不仅要解决好自己的事情，还要料理家务，工作一天下来很辛苦，阿雅累得几乎不想动了，可是常常还要面对另一半抱怨工作上的烦恼。

阿雅总是对我说："我也有很多烦恼，他把他的烦恼倒给我，就等于我一个人要承担双倍的烦恼。他总是不帮我做家务，还把地板踩脏。这种日子我受够了！"

我很理解阿雅的感受，毕竟，现代人的生活压力实在太大了。但为什么有些女性面对同样的问题时，却不会觉得受困，反倒会感觉到游刃有余，会将生活料理得很好呢？实际上，我觉得阿雅的问题在于，面对生活和周遭的事物，她不够宽容。

我们对于宽容也有这样一个误区，会认为宽容别人就是在吃亏。实际上，宽容别人，对于自己才是一种解脱。当你用一颗宽容的心去看待周围的一切，为自己换一个思维模式的话，你会发现自己也随之轻松了。

阿雅太专注于自己的感受，只看到自己所付出的辛苦，却把对方所付出的辛苦完全忽略掉。如果她能多站在另一半的角度上思考，就会更加体谅对方的不易。学会体谅，就是一种宽容。

想想看，如果我们能够学会宽容，就不会经常对一些小事耿耿于怀。

那个总是跟自己过不去的同事，看上去也不再面目可憎。对于陌生人的无意中伤，也不再那么较真。对于身边人，我们若是常能以一种宽容、包容的姿态面对，那么生活中自然会避免掉很多不必要的麻烦。

想要成为一个快乐的人，就先做一个宽容的人吧。宽容更是一种温柔的能量，虽然温柔，但很多时候却比强硬更加有效。

我曾经在公车上目睹过这样一幕：一个很时尚很漂亮的MM因为公车摇晃，不小心踩到了一个男人的脚。她很不好意思地跟对方说对不起。男人很风趣，开玩笑说，是他的脚太不懂事，放的位置太不对了。周围的乘客听到这句话都跟着笑起来，本来挺尴尬的局面很容易就被化解了。我也曾见过在公交车上因为让座，因为拥挤而大打出手的场面，本来几句话就能化解的局面，最后却搞得人仰马翻，实在是没有必要。

一个聪明的女人，应该懂得如何宽容别人，如何运用这个温柔武器。只有学会宽容，你的人生才会更加洒脱。

3. 学会淡定

很多 MM 都会在工作压力大的时候狂吃零食，这是因为我们的情绪处在焦虑状态下，吃零食可以帮助缓解压力。

心理学上讲，当一个人认为自己无法 Hold 住一件事或者某个局面的时候，他的行为就会发生某种变化。比如拼命地往嘴里塞东西吃，频繁地拿起水杯喝水，恨不得一分钟内刷新几十次微博，还有人在这种时候感觉困乏，总有一种随时可能睡着的感觉。

当我们对于眼前的局面感到焦虑的时候，往往就会通过不同的方式选择逃避这种局面。这种逃避意识并不是刻意的，而是潜意识抗拒、回避困难。

很多女性常常会觉得压抑，心情烦躁，我就听好几个闺蜜讲过自己有忧郁症。其实那并不是忧郁症，而是忧郁症的好姐妹——焦虑症。

城市里的大部分年轻女性，或多或少都曾被焦虑症骚扰过。比如马上要交一个策划方案，那么在临近开会的几天前，这种焦虑就会越来越明显。这种焦虑是一种保护性反应，也被称为生理焦虑。在这种焦虑的干扰下，很多人会更加逃避现状，难以入睡，恨不得把一件事想出来一万个结果。越是紧张焦虑，就越是难以进入工作状态。

我们常常听周围的人讲：我很没安全感。实际上，没有人能够准确描述出什么是安全感，安全感的状态是什么也没有人知道。其实我觉得翻译过来，安全感就是平静、淡定、不焦虑。

如果人生是一场修炼的话，那么淡定就是修炼中最重要的一课。淡定是一种状态，尤其在现在这个物质的时代里，淡定该是一种多么可贵的状态。越是难能可贵，我们越是会高看拥有这样特质的人。

对于朋友，我们总是要求过高，既要对方很有品味，又要彼此在一起相处愉快。你希望他关心你，照顾你，可以在你遇见困难需要帮助的时候挺身而出。

就是因为要求太高，所以我们总是在一些时刻，因为对方没有做到自己预期那般而感到伤心失望。假如我们对待友情没有那么多的要求，从容淡定，顺其自然，会不会更好些？

对于恋人，我们向往高富帅，就算知道自己高攀不起，退而求其次也要找个经济适用男。每一次恋爱，我们都奔着结婚去，苦苦经营这段感情，要求对方上进，目的明确地想要最终走到一起。可是，在中途总是能遇见其他导致分手的事。散场后才忽然醒悟，原来在一起时并没有体会到多少快乐，错过了那么多本可以拥有的美好时光。如果重来一次，随遇而安，不再追寻所谓的结果，会不会更好些？

对于自己，我们总是要求严格。即使已经很努力很拼命了，还是觉得远远不够，恨不得一天二十四小时掰成四十八小时来过。把各路女超人的创业故事贴在床头，每天早上起床的第一件事就是膜拜她们。一旦想休息就会对自己说：只有现在拼命奔跑，将来才有资格华丽卧倒。享受什么的那是五十岁以后干的事。可是五十岁以后穿也不好看了，吃也不觉得好吃了，旅行也走不动了。

请问那个时候我们该如何享受？如果我们从现在开始，学会关心自己，享受生活，偶尔停下来脚步，仔细看一看周遭的风景，会不会更好？

淡定，还是从容不迫，是处事泰然。是别人都在拼命赶路，而你参透了生活的真相。

淡定，是一种自我救赎。一个真正懂得善待自己的女人，要学会如何淡定地面对周遭的一切，波澜不惊，游刃有余。这是我们人生路上需要不断修炼的课题。

4. 学会温和

以前看过一个调查，关于男人究竟喜欢什么样的女人的排行榜，最后胜出的是具有温和亲切气质的邻家女孩。大部分男人表示，虽然性感美女和冰山美女会很吸引眼球，但是和这样的女性相处总会有一种不能放松的压抑感。而给人温和印象的邻家女孩，就像是温润的水，看似平淡，却有着让人无法抵挡的魅力。

我们都很喜欢看一档相亲节目——《非诚勿扰》。无论是光头乐嘉还是睿智孟非，都给大家留下了很深刻的印象，然而让我最为喜欢的却是温润如玉的黄菡老师。她在面对男嘉宾时，从来不会言语苛刻，总是非常温和地引导对方。

在广告公司工作的苏苏打小开始，就不知道“温和”二字为何物。在苏苏的世界中，一向只有飞扬跋扈，跟男朋友吵架是家常便饭，气急了还会伸手打对方几个耳光。对不太熟悉的人更是如此，常常冷脸给别人看。跟同事沟通工作时，也是常常闹得很不愉快。

苏苏总是想，这些同事可真讨厌，动不动就找自己麻烦，却从来不会思考一下，问题是不是出在自己身上。她不认为自己这样有什么不好，黄小琥的歌里不都唱了：相爱没有那么容易，每个人有他的脾气。相爱都这么不容易了，何况跟同事相处呢？

苏苏觉得，脾气不好就是自己的一个标志，是个性。看到周围的人都不敢跟自己“较劲”，苏苏还很得意，觉得那是因为大家怕她，不敢惹她。直到有一次苏苏无意中看到男友和别人的聊天记录，发现男朋友在跟对方抱怨苏苏的脾气差劲，一点都不知道体谅他，常常要大小姐脾气。好多次都想跟她分手，但是又怕跟她提了她会受不了，所以才一直忍耐罢了。

这时，苏苏才明白，周围的人包容自己并不是因为害怕自己，而是因为不愿意跟自己一般见识，也不愿意说出真相让她伤心。

其实，跟苏苏有着一样的想法的女孩非常多，这种女孩大抵条件不错，父母又很娇惯，所以往往比较任性。可是，每个人都是平等的，没有人天生就该看谁的脸色。当别人保持好的涵养时，千万不要认为这是软弱可欺的表现。

一直很喜欢一句话：温和从容，岁月静好。每每想到这句话时，似乎脑中都浮现出这样一个女子：淡妆，喜欢穿棉质的柔软的衣服，静静坐在咖啡店的一角，翻看着一本可以温暖心灵的书，面前摆着花果茶。这个场景之所以一直出现在脑海里，是因为在内心里，这个女子就是我曾期待的样子。

我们只有学会温和地对待别人，才有可能温和地面对世界。一个能够温和面对世界的女子，一定是内心强大，无论走到哪里都会有好运的人。

第三章

HOLD住能量，
玩转一份有拓展性的工作

一、何为有拓展性的工作?

在我二十岁的时候，我的家人为我做了职业规划，他们希望我大学毕业后可以去银行上班。

这个规划令当时的我感觉非常惶恐。我想象着自己坐在某个银行窗口前，从年纪轻轻一直坐到容颜老去，一辈子都在同一个地方工作，甚至一辈子在做着同样一件事。

虽然这份工作很稳定，很安逸，待遇也算得上好。但是，那总归不是我想要的。对于将来从事的职业，我一直都有着非常清晰的认知，概括说来就是三个字“拓展性”，这份工作必须有拓展性。

那么，究竟什么工作才叫做有拓展性呢？我认为它必须符合以下几个条件：有上升空间，有发展，有新鲜感，可以不断提高。

很多亲会觉得对于女人来说，工作并不重要，所以往往会选择一份比较稳定、安逸的工作。每天早早起来上班，做完手头的工作无所事事，就在网上泡一天的论坛，下班时再挤公车、挤地铁回家。几年下来也没有一点进步，遇见公司裁员的时候才恍然发现自己已经不再年轻。再重新找工作，发现跟自己竞争的都是刚走出校园，甚至还没毕业的学弟学妹。一边感叹青春不再，一边懊恼自己为什么不趁年轻多学点什么。

这种例子每天都会在我们身边上演，而之所以发生的频率这么高，就是因为在年轻的时候，很多女人对自己的职业没有明晰的规划，也不注重这份工作是否有拓展性，所以才会导致这种局面。

虽然同为职场女性，但仔细对比一下，你就会发现，那些非常热爱自己工作的达人们会有一种特殊的气场，她们享受这份工作给自己带来的一切，并且因为每天的进步而心存感激。

工作和婚姻最大的不同，就是当你对一份具有拓展性的工作全情投入后，你总会得到相应的回报，而你身在其中，往往会获得更大的成就感。就像《杜拉拉升职记》中的女一号杜拉拉一样，她没有好的家境，也没有好的背景，但是她很聪明地选择了一份非常有发展空间的工作，靠着自己努力奋斗打拼，月薪终于从三千五一路飙升到几万元。

小说中的杜拉拉在外企工作八年，从一个行政助理升职为一个非常干练的 HR 经理，这份工作对她来说无疑是充满巨大的挑战性的。

其实，很多工作都有相当大的发展空间，如果你也想像杜拉拉一样，玩转一份有拓展性的工作，首先就要有选择工作的眼光。你挑选的工作升职空间越大，就越是有挑战性。生活需要创意，工作同样需要激情。

二、如何寻找一份有拓展性的工作

让我们先来看一份调查，根据调查结果显示，有41%的职场MM因为没有发展空间而对自己的工作产生困惑。这些人的职业分别为：教师，行政，人力资源，财务，项目管理，经营管理等。

大概工作三年后，职场新人转变为职场老人，就会开始关注自己的工作是否具有拓展性，也就是所谓的发展空间。这个时候就会发现，虽然自己很努力工作，但是路却仿佛越来越窄。即使动了想跳槽的想法，却发现即使跳到别的公司，本行业的可发展性也不是很强。既然是这样，跳槽就根本没有必要了啊。

大部分职场MM的心声都变成了：好想有一个属于我的好平台。

而我们应该如何去寻找一份有拓展性的工作呢？

在这里，我强烈建议各位MM在入职的时候不妨找一家大公司，大公司和小公司也许在薪资待遇上相差不会太多，但是对于员工的培训却完全不同。应先找准一家规模较大的公司，然后再去选择自己所感兴趣的职业，基本上就会达到你想要的效果。

首先，好的公司会注重入职培训

作为一个职场菜鸟，如果你入职到一家小公司，很有可能根本不会有入职培训。但是正规的大公司，尤其是外企对于刚毕业的学生和刚入职的年轻人都会很注重培训。学生刚从校园出来，思维模式往往还停留在读书阶段，连什么是公司都未必清楚。而新员工的入职培训，则会为大家详细讲解公司的概况，各个部门的构成，公司文化，以及接下来他们所要面对的工作究竟是什么。

其次，参与项目的机会

初生牛犊不怕虎，新人往往有一种冲劲，Idea也会非常有新意。

如果能够给他们一个充分展示的机会，一定会有意想不到的惊喜。可是很多小公司并不注重对新人的培养，复杂的办公室关系就够令这些刚入职场的MM们头疼的了，时不时还会冒出几个前辈对你轮番打压。所以，入职大公司，能够得到参与项目的机会才是最重要的。

再次，专业技能的培训

好的公司都会有定期的专业技能培训，有些公司还会有出国学习培训的机会。

培训是很必要的，就像花需要水的灌溉，当一个员工入职了一段时间后，就需要吸收更多的养分，这样才能让自己接收到新的知识，不断进步。所以，观察一份工作是否具有拓展力，就多关注下公司是否有安排定期的培训吧。

最后，不去限制员工个人发展

有些私企自认为管理严格，比如上班的时间不可以看书，不可以上网，也不可以玩手机。实际上，这非常限制个人的发展。一个员工如果做完了自己分内的工作，为什么不可以多吸收一些知识呢？

一个好的老板，并不会限制员工的发展，管理模式通常是放养制，给予员工充分的学习时间和升值空间。

三、如何在拓展性工作里抓住发展

如果你很幸运地寻找到了一份很有拓展性的工作，接下来要考虑的就是如何在这份工作中更好地发展。

机会永远是给有准备的人设置的，大部分人都遇见过好的机遇，但是只有少数的人能够抓住它。所以，紧紧抓住发展的机会对我们来说尤为重要。

静如是一家银行的接待人员，她对于自己目前所工作的环境还算满意，也清楚地意识到这是一份非常有拓展性的工作，只要自己积极努力，定位准确，肯定能够在这个领域中有所发展。静如是学理科出身，所以她对投行部非常感兴趣，她觉得这就是自己未来的发展目标。因为数据分析、逻辑运算都是她比较喜欢的。

我们可以给静如做一份发展分析，看看她在未来是否能够胜任她所向往的投行部负责人。

性格优势分析：静如是一个心思缜密的人，与大部分女性相比，静如非常理性。首先，她的性格和自身优势，就非常适合朝着她所预期的目标发展。平时，静如跟上级领导和周围同事的关系都非常好，由此可以看出，她是具备人际协调能力的。

发展方向：确定了自己的目标可以前进之后，就要制订明晰的发展计划，合理安排好自己的学习时间。静如可以利用私下的时间，多练习一些数据分析等。

很多亲都渴望在自己的工作中寻求新的突破和发展，想要抓住机会，下面的两个小贴士也是关键所在：

1. 适当地把握工作强度，不要太在意周遭人的看法，千万不要因为担心领导如何去想自己，而总让自己处在拼命工作的状态里。

要知道，对于领导来说，做一件大事胜过做一千件小事。所以，把那些做琐事的时间节省下来用来提升自己，这样才会跟自己的目标越来越接近。

2. 要清楚地意识到，工作和兴趣是两码事，两者若是可以结合固然很好，不能结合也不要懊恼。

看一份工作是否有发展，是看这份工作是否有升职等空间，是否可以学到东西，为将来做一定的积累。所以，不要过分强调兴趣，选择一份擅长的工作更为重要。

四、21世纪的女人必须拥有的能力——全球移动力

千万不要以为酷爱旅行，做个“空中飞人”就叫做全球移动了。这充其量只能算做移动，却不算全球移动的能力。

一项调查报告显示，全球现在已经有近三亿的人离开了自己的国家，“空降”到其他国家工作生活。据推断，这将是未来社会的发展趋势，全球移动力也是未来女性必须具备的“大能力”。如果你不具备这种能力，在不久的将来，很有可能就会惨遭淘汰。

这个夏天《中国好声音》持续大热，而能够登上《世界好声音》舞台的选手，无疑要很会唱英文歌。所以，想要拥有全球移动力，说英文便是头号前提。

别再企图用你那英语四级证书蒙混过关啦，你真的需要说一口过硬的口语。你必须让自己国际化起来，周末的时候不要再在家里扮演宅女的角色，如果能够多结交几个外国朋友，将对你的发展大有好处。跟外国人练口语，总比你想当然地在家里对着镜子练习要好得多。而且，你还可以通过对方多了解一些其他国家的风俗习惯等等。

不要羡慕那些可以把自己的世界活得很大的人，也不要抱怨你的世界很小。你的世界小，完全是因为你不肯迈出更大的一步，如果你想成为魅力四射的“移动女超人”，你当然也可以拥有这样的人生，但前提是你需要从现在起全方位地提高自己的能力。

那我们究竟要如何培养自己的移动能力呢？相信下面的内容可以帮助到各位想做女超人的达人们。

首先要有超人的心态

你要知道，踏入到另一片你根本不熟悉的土地，你就需要有超强的心理素质，不可以像在家一样，动不动就闹情绪。你需要拥有一颗超强的心脏，然后用这颗心包容你看到的所有，这样你才能接收到更多的知识。

Hold住你的情绪

出门在外，会遇见各种各样的事情，如果你三天两头就会崩溃一次，日子还要不要过啦。所以，你必须培养自己处事不惊，无论遇见什么样的情况，都要保持平稳的情绪，理智的大脑，这样才可以轻松应对各种局面。

想象自己就是当地人

千万不要把自己当做外来人口，你越是这样孤立自己，周围的人也就越是不容易接纳你。要抱着对新鲜事物感兴趣的心，积极地融入当地的生活，穿当地人喜欢穿的衣服，吃当地人喜欢吃的食物。

爱上那里，而不是挑剔你的环境

从现在起，就努力培养自己爱上任何环境的能力，就算这个环境你不可能百分百喜欢，但是总归会有你喜欢的事物。然后，学会放大你喜欢的事物。

亲近又有距离感

无论对你的工作、生活，还是你周遭的朋友，你的恋人，都要保持一种亲近又有距离感的状态。当和他们共处的时候，你可以积极地投入。但是，当独处的时候，你又能很好的享受独自一人的时光。这对于将来你的“外星球生涯”是非常有好处的。

TIPS：“全球移动力”大硬件能力

1. 35% 专业能力。（专业永远是你能先声夺人的必要法宝，并且是永远的准则）

2. 25% 学习能力。（不仅包括你的专业学习能力，还包括综合学习能力）

3. 20% 沟通与合作能力。（良好的沟通技巧和团队合作能力是个人口碑建立的有效渠道）

4. 10% 英语，5% 第二外语。（如果你因钻研专业而忘记了掌握第二种语言，任何时间补上，都不算晚。并且，它们真的比你想象的要简单）

5. 5% 资讯运用整合能力。（如果你善于运用团队的能力来整合，这也是上级永远需要的技能）

五、职业规划比盲目努力更重要

我常常觉得，如果一个人在做事的时候有计划有规划，往往就会比那些没有计划的人容易成功。因为这样的人目的明确，一个目的明确的人，就好像是在走直线，自然会比那些老是在兜圈子走弯路的人更高效。

实际上，任何工作都有着捷径。想象一下，如果你是一个全职太太，今天你计划整理房间。盲目的没有计划的胡乱整理，只会拖延你的步伐，但如果你事先对当次的家务情况有个详细的规划，局面往往就会在你的掌握之中。比如，你可以分为四步进行：第一步，清扫地面。第二步，拖地。第三步，整理表面上的物品，将他们摆放回原处。第四步，擦拭表面的灰尘。

所以，无论你想做任何事，都是有规律可循的，这种规律，就是所谓的职业规划。就好像我们储蓄金钱，如果盲目地储蓄，总是会觉得每个月下来也没什么盈余，但是假如一开始就给自己设定生活费用标准，计划每个月存入多少，你会发现可以很轻松地达到自己的储蓄目标。

我们不需要为自己制订太长远的规划目标，比如十年职业规划之类，这种规划很难落到实处。可以为自己制订短期目标，比如半年到一年的职场规划，这份规划是这个阶段自己期望达到的目标，包括努力修正、改掉坏习惯，薪资期望值，还有详细的“充电内容”。

具体的操作方法如下：

第一步：分析你的需求

想清楚自己究竟要什么，在未来的阶段想要达到怎样的高度。你可以在纸上详细写出来，在未来的一年内你需要做的事情。先不要去想它们是否能够实现，你只需要在纸上记录出它们就可以了。

第二步：分析自己的优点和缺点

清晰地意识到自己的优点都有什么，对于缺点要有更加明确的认知。在接下来的职场规划中，你需要优化自己所擅长的部分，同时积极地改掉你所意识到的坏习惯。

第三步：短期的目标

分析出自己的优势之后，你就可以针对自己的优势来为自己制订出短期的目标。比如你是一名翻译，你的短期目标是希望自己做好自己本职工作的同时，可以跟出版社合作翻译一些图书，你就可以针对自己的短期目标，一边寻找出版社资源，一边利用业余时间让自己的外语能力变得更好。

第四步：清晰地分析出是什么阻挡了你的步伐

如果你是一名销售人员，你计划在一年内升职为店长，你就必须清楚地意识到眼前的困难是什么。也许你的语言表达能力还不够丰富，也许你的落实能力还不够强，不能很好地完成销售额。总之，你必须找准升职路上的困难，并且有针对性地击垮它。

第五步：给自己充电

把你所要学的新知识编排到生活内，合理地安排它们。比如一周计划学习多少个小时，只有清晰地计划好，你才能更好地执行。

第六步：场外求助

一个人在面对困难的时候常常会觉得举步维艰，可如果身边有一个可以帮助你的长辈，问题就会容易解决得多。无论这位长辈是你的老师，还是你的父母，抑或是你的上级领导，有外力协助往往会让你事半功倍。

第七步：分析老总的心理

当我们想要提升的时候，往往会站在自己的角度上为自己制订提升计划，却很少会站在老板的角度上思考一下，他究竟需要怎样的人才。如果我们想要升职，不妨站在上级的角度上想一想，究竟怎样的人才会得到领导的肯定和提拔。当我们能够了解公司对我们的期望和要求是什么，并以此来要求自己进步的话，往往会让自己的升职梦想成为现实。

六、寻找你的职场贵人

几乎每个职场 MM 都希望能够遇见属于自己的职场贵人，有了贵人的提携，似乎工作总是格外顺利，升职、受到嘉奖的机会也会随之变多。

近几年宫廷穿越剧大热，我很喜欢《步步惊心》。女一号若曦因为来自现代，聪明的她一早便知道未来的皇上并非八阿哥，而是四阿哥。所以她果断选择重新站队，跟对了自己宫廷之旅的“贵人”，才会在接下来过得顺风顺水。想象一下，如果若曦脑子不够聪明，一直跟着八阿哥的话……

在职场中，也是同样的道理。如果你能够找准自己的职场贵人，就会有一种神助般的感觉。那么职场贵人到底有怎样的特质呢？现在就让我们一探究竟——

职场贵人往往是公司里举足轻重的人物，他们肯定在自己的部门中很优秀。他们很低调，但又从不吝啬自己的才华，对新人老人都能做到一视同仁。他有可能是你的上司，也有可能是别的部门乐于帮助新人的前辈，也许她就是坐在你旁边格子间里，早你一年来公司的学姐。

究竟你的职场贵人会是谁，他又藏在哪里呢？做做下面的小测试，让你的职场贵人速速现身——

题目：如果你现在是小女孩，最羡慕贵妇生活中的哪一部分？

1. 住在豪宅中

2. 刷卡狂买名牌衣服

3. 有佣人司机伺候

4. 悠闲地喝下午茶，做 SPA

5. 开名贵跑车

测试结果：

1. 选“住在豪宅中”的朋友，执著的你会吸引到臭味相投的贵人。你的贵人相助指数55%：这类型的人对自己有一定的目标跟期许，会按照自己的目标努力去做，因此会吸引到志同道合的人一起打拼。

2. 选“刷卡狂买名牌衣服”的朋友，认真又努力的你，会吸引靠山贵人挺你。你的贵人相助指数80%：这类型的人埋头苦干的精神会让老板或金主愿意投资金钱开创事业。

3. 选“有佣人司机伺候”的朋友，太强悍的你，会吓到一些想帮助你的贵人。你的贵人相助指数40%：这类型的人很强悍很有霸气，做事情有自己的风格，很容易吓跑想投资的金主。

4. 选“悠闲地喝下午茶，做SPA”的朋友，完美无缺的你，让贵人觉得你不需要帮忙。你的贵人相助指数20%：这类型的人凡事都力求完美，自己就是自己的贵人，常常把自己累得半死。

5. 选“开名贵跑车”的朋友，大方又爽快的你，会因到处结善缘遇到贵人。你的贵人相助指数99%：这类型的人有男人婆的性格，认为四海之内皆兄弟，因此很多机会就会接踵而来。

主动出击寻找自己的职场贵人固然重要，但如果你能在平时就多注意培养自己的“吸贵气质”，职场贵人没准就会被你主动吸引而来哦!

下面几个小贴士送给想要变成“吸贵达人”的MM们。

努力培养自己的亲和力

相信我，给人亲和感的MM往往更容易交好运，因为这样性格的人好相处，所以就会吸引更多的人跑过来跟她打交道。想想看，这个比例越大，贵人潜藏在其中的可能也就越大。平时嘴甜点，对前辈要有礼貌，经常给周围的同事、上级带些小礼物，哪怕是一些包装精致的小糖果，别人也会对你留下好印象。

攒人品，就是为自己攒好运

我有一个朋友，常常助人为乐，久而久之周围的闺蜜遇见了什么困难都喜欢找他。在大家的印象中，他就像个多啦A梦，仿佛这个世界上没有他解决不了的难题。后来，他家里遇到困难，被朋友M知道了，M便在朋友圈里提议大家凑钱，帮助他渡过难关。如果我的这位朋友，平时没有那么乐于助人，危难时分又怎么可能有人主动出来帮忙呢？所以，平时注意多做一些好事，多帮助周围的人也很重要，说不定你的贵人曾经接受过你的帮助，以后会跳出来提携你呢。

结束宅时代

现在职场工作压力大，很多MM都是工作一天累得连句话都不想说，直接回家关门，恨不得一觉睡到天亮。这也就导致了越来越宅，社交越来越少。可是老这么宅着，就等于把机会关在了门外。如果想要贵人找上门，首先就要让自己保持在一种“敞开式”状态，每个星期至少要有两天安排社交活动，这样才能为自己增加更多的机会。

七、女人要有一点小野心

很多亲都是在一种“分裂”的状态中成长起来的，一面接受这个版本的教育：女孩子一定要独立自强，不能依附于男人，将来要在社会上争得自己的一席之地才好。一面接受另外一个版本：那么努力做什么，干得好不如嫁得好，女人不要太上进，打拼的事情留给男人做就好，女人还是多学学如何拴住男人的心才是正经事。

So，我们一面希望自己独立自主，一面又总想着压制自己的小小野心。那么，作为一个生活在都市中的女子，我们究竟该不该像男人一样打拼呢？

现在很流行一种消费方式，就是AB制。AB制就是指男人来负责比较大的部分，比如男人来买这顿主餐，在接下来喝咖啡的阶段就由女人来结账。这种消费方式既照顾了男人的面子，又在某种程度上保持了所谓的平等。

同样的，如果把AB制运用到职场中，我们依然让男人来做主角，占一个比较大的比重，而自己则占一个小的份额。这样既满足了自己对社会地位的需求，又不至于生活得那么累，何乐而不为呢？

布丁在成为一个全职太太之前，是外企的秘书。她嫌秘书的工作太过琐碎，因为每天思考的事情实在是太多，布丁觉得自己都要得抑郁症了。所以在遇见她现在的老公之后，布丁果断辞职了。

当时，她心想做个全职太太也挺好，时间大把，没事的时候做做指甲逛逛街，应该会比上班的时候轻松很多吧。

可是真正扮演起这个角色后，布丁简直要抓狂了。家距离老公的工作地点有点远，所以布丁每天早上六点半就得起床准备早餐了，比她上班的时候还要早起半个小时。因为起得太早，整个上午布丁都昏昏欲睡。一个人在家，吃饭也变得非常没意思，中午总是胡乱对付了事。

那些家务活似乎永远都做不完，今天拖地，明天洗衣服，后天买菜，总感觉时间不够用，活还没干完一天就结束了。布丁觉得自己非常辛苦，然而这种辛苦却无法得到老公的肯定，因为在他的思维模式里会认为这些都是布丁理所应当做的。

何美丽和布丁却截然相反，她从来都没有把自己当成过女人。她总是要求自己像男人一样拼命，也认定男人可以做到的事，自己同样能够做到。何美丽每天昂首挺胸穿梭在办公室里，像个战斗机一样充满动力。可是年底公司体检的时候，何美丽却查出了癌症，直到这时候她才发现自己的努力有多可笑。大部分的努力都是给别人看的，她表面优秀、高薪，却连正常的一日三餐都保证不了。如果再有一次选择的机会，何美丽还会选择过这样的生活吗？

而我所认为的理想生活，既不是做布丁那种全职太太，也不是何美丽这种“拼命小姐”。女人，只需要有一点小小的野心，在职场中做出属于自己的那一份成绩。

如果能够选择，我们一起来做职场AB制中的B吧，既不必疲劳奔命，又有一片属于自己的小小天空，这才是聪明女人的王道之选。

八、爱上你的工作，别爱上你的老板

最糟糕的事莫过于你不仅是办公室恋情，你的恋爱对象还是你的顶头Boss！

想想看，这世界上还有比你更悲催的人吗？他明明支付给你跟大家同样的薪水，但是你既要扮演他的员工，又要扮演他的情人。更悲剧的情况是——

小艾是一家台资公司的老总助理，因为总是跟老总朝夕相处，小艾渐渐对这个又儒雅又有品味的男人有了好感。

老总身上有着跟小艾同龄的男性没有的气场，他对工作要求很高，但是私下里对小艾却很照顾。一段日子后，小艾发现自己恋上了这个比自己大十九岁的离异钻石王老五。最让她高兴的是，她发现Boss似乎对自己也有好感。一次出差中，Boss终于对她表白了。小艾感觉很幸福，她仿佛看到了美好生活正在向自己招手，不禁在心中暗自窃喜。

可是当两个人重返回公司的时候，Boss却将小艾叫到办公室，希望她不要公开两人的关系，因为公司明文规定禁止办公室恋情。小艾完全没有多想，也没有放在心上，她认为这是自己为爱情做出的小小牺牲，只要两个人能在一起，做什么都是值得的。

可是令小艾没想到的是，在两个人确立关系之后，Boss交给自己的工作量越来越多，完全没有怜香惜玉的意思。不仅如此，还会经常要求小艾出去应酬，让她帮自己挡酒也是常有的事。起初，小艾还怀疑自己是不是想多了。可是很快，她就发现Boss似乎跟公关部新来的Suki打得火热。凭借女人的直觉，她断定Suki和Boss有不寻常的关系。小艾没忍住跑到

Boss 的办公室质问，却没想到对方居然毫不掩饰地承认了，还半开玩笑地问小艾何必这么认真。

小艾没想到自己苦心经营的感情原来在对方眼里是这么微不足道，也许一直以来 Boss 只是拿自己当一颗棋子，而她却入了戏。心灰意冷的小艾觉得自己没有办法继续待在这个公司，所以只能递交了辞职信。

这就是爱上 Boss 的终极悲剧，赔了爱人又丢了工作。

所以，对于在职场打拼的 MM 们来说，你只要想办法让自己爱上这份工作就好，千万不要爱上你的 Boss。从爱上 Boss 的那一刻起，就注定将来有一天，你们之间发生任何问题，离开公司的人都必然是你。因为一段无法公开的恋情而丢了自己苦心打拼来的事业，实在是得不偿失。

So，要想 Hold 住工作，就警惕你身边优秀的 Boss，别让你的感情和工作“亲密接触”啦！

·私密手册·

让泡妞高手去死

有一群人，他们是搭讪艺术家，是一群不断自我完善泡妞技巧的男人。他们永远不会付出真心，以上床为终极目标，以所虏获的芳心为炫耀资本。说得难听点，就是玩弄女性。

据统计，女孩在十八到二十三岁期间，遇上的搭讪最多可达七千次。在你最美好的这段时期，那么多扑上来的男人中，真正的白马王子只会出现一两次。不要被这些数字吓倒，人生那么长，遇到不真心的男人并不可怕，而把只想跟你上床的泡妞高手当成能过一辈子的男人，才是人生最大的悲哀。

Part1. 泡妞高手长什么样？

这个和你搭讪的男人是不是这种人，答案不会写在他脑门上。遇上搭讪时，请把眼睛擦亮点儿。

大多数时候，他们下手的对象圈定为不谙世事的年轻女孩。

如果你常看社会新闻，就会发现女大学生、女研究生被骗色骗财，甚至被拐卖的报道都已经炒成了剩饭。大学是搭讪成功率在90%以上的地方，原因无非有三：第一，青春无敌，蓬勃的朝气和肉体对他们来说存在着致命的吸引力；第二，因为年轻，你还不了解“爱”和“泡”的真相。而在阅历、金钱、经验远远少于自己的女孩面前，他们有足够的资本将涉世未深的你轻易收服；第三，除非你天生就是物质拜金女，否则大多数时候他们泡你只需要付出一顿肯德基或必胜客，成本低。

大部分泡妞高手都长相靠谱，学历过硬。

就算不帅，最起码他也五官端正、仪表堂堂。就算不是研究生，不是国内顶尖大学毕业，那他也比你强得多。他们会在第一时间判断一个女人的投资价值，其实女人亦然。只是女人以结婚为目的，他们以上床为目的。如果你还认为长相代表人品，学历代表素质，那么请想想为什么会有一个成语叫做“衣冠禽兽”。

至于长相一般、能力一般还能在女人堆里混得如鱼得水的那一个，他一定是泡妞高手学习班的教授。

喜欢展示自己。

他的穿衣品位不错，喜欢带你去咖啡厅约会，有时候也去酒吧。喜欢高谈阔论，谈事业，谈规划和梦想，谈去过的国家，谈工作过的著名企业。这在泡妞高手守则里叫“高价值体现”。

只是，一个只差把自己内裤颜色拿出来晒的男人，不是泡妞高手就是孔雀，如果两者都不是，那他实在太幼稚了。

总是有意无意地制造一些“亲密接触”。

刚认识不久，过马路时就扶你的肩膀、牵你的手，轻轻捏你的鼻子，以看手相的名义抓着你的手十分钟不放……他有用之不尽的小手段来与你进行“亲密接触”，这看起来就像情人之间的亲昵。只是情人间的亲昵可以增进感情，而你多给泡妞高手一个身体接触的机会，就得多承担一分被伤害的风险。

Part2. 是不是真心，有迹可循

爱有很多种表达方式，始终殊途同归。泡妞有很多种技巧，举凡技术活，都有统一的标准。但无论如何，真心总归有迹可循。

是否愿意带你进入他的圈子。

真心人：他带你参加同学聚会，参加朋友的婚礼，大方地向大家介绍你。也许你还没见过他的父母，但他已经开始安排。

泡妞高手：他绝不会让你掺和进他的现实圈子，这是为了防止以后想摆脱时你对他纠缠不清。

是否舍得为你花钱。

真心人：他稀罕你就会想要取悦你，礼物是沟通的渠道之一。男人肯为你花钱不一定代表他爱你，但不肯为你花钱那他肯定不爱你。

泡妞高手：他的每一笔账都算得很清楚，他会把钱花在请你吃饭和娱乐上。因为他认为送出去的东西是别人的，而吃喝玩乐自己也有份儿享受。

是否为你吃醋。

真心人：爱情里容不下沙子，只要疑似竞争对手出现，他就会如坐针毡，进入警戒状态。

泡妞高手：他从不过问你和其他男人之间的事，对你众多的其他追求者也很放心。别以为这代表素质高、境界高，那是因为搞定一个难度系数3.0的抢手货，他的泡妞指数至少增加三颗星。

是否经得起打击。

真心人：真正动感情不是吹气球，想吹就吹想放就放。如果他真的爱你，不会因为你的冷淡而立即放弃。

泡妞高手：他会在接触的第一时间，据你的表现判断你身上的投资价值。一旦确定收不到回报，或很难收到回报，就会立即转移目标。

是否兑现承诺。

真心人：他可能不会随便承诺你什么，但只要承诺过的就一定会兑现。

泡妞高手：为了尽快泡上你，他通常爱不离口，常常承诺，但直到他

人间蒸发的那一天，他的承诺还一个都没兑现过。

Part3. 见招拆招

泡妞高手把泡妹当成一项事业，甚至有人开班授课传授把妹技巧。他们经过长期研究女性的心理，通过演练得出一套有效的流程以求手到擒来。这没什么可怕，因为你明白真相后就能见招拆招。

第一步：破冰。

破冰就是打破双方的陌生与隔阂，也就是搭讪的开场白。问路这种老套手法是泡妞高手所不屑的，他们的开场白一般带有奉承吹捧性，或者装弱者博取同情。

心计女王拆招：无事献殷勤，非奸即盗，有困难也该找警察而不是找你。如果遇见客气的可以委婉拒绝，他向你要电话号码，你可以记下他的，把主动权掌握在自己手里。如果碰上死缠烂打的，请直接110招呼。

第二步：冷读。

冷读就是通过你的言行来推断其所投射的心理，以及利用人类固然存在，而没有投射的潜意识心理来进行假解读，瞬间打开你的心扉，让你产生“知己”的感觉，赢得你的信任，从而拉近你们之间的距离。

常用冷读台词：

◎ 你一直在试图假装坚强，你的内心其实很脆弱。

◎ 你有时候没有勇气去尝试新事物，因为你害怕搬了石头砸自己的脚。但有时候你又对新事物有很强的好奇心，很想尝试。

◎ 我感觉你在爱情里是多付出的那个人，会为爱人做任何事，只要能令他开心。也许不会主动去索取回报，但你内心希望他会理解你，会感动于你的付出。你爱自由，喜欢玩，不过你的朋友和家人在你生命中有很重要的地位。

◎ 我看了你的签名，你是不是很想去改变现状但又力不从心？

心计女王拆招：任何人都具有两面性，这也是冷读术能发挥效果的原因。从相反的两面去分析一个人一定不会错。尽管每个人都不相同，但共同和相似的地方占大多数。算命先生用的也是这种技巧，所以才能在几分钟内把陌生人说得乖乖掏钱。

用做白日梦的时间多想办法提升自己，你就会知道，原来那些共鸣不过如此。

第三步：打压＋推拉。

在语言上故意贬低你，目的在于让你以为他对你没有兴趣，松懈你的警惕性，让你觉得他与众不同。

如果打压收不到预期效果，他就会进行更高级别的推拉。为了再清楚你心里到底是怎么想的，他在语言上对你反复欲擒故纵，一会儿褒一会儿贬，让你跟蹦极似的不知所措。推的时候把你踩到地下，拉的时候又把你捧到天上。你在这种剧烈起伏的情绪中丧失了判断力，他就大功告成了。

心计女王拆招：打压就像购物，善于砍价的女生面对心仪之物会装作看不上眼，等着卖家忍痛割价。这在泡妞高手身上也是同理，只是他割掉的不是价钱而是你的自信。而推拉真有点类似驯兽，抽一鞭子，如果不行再给点吃的。

不论是购物还是驯兽，你都必须掌握主动权，这就要求你得对自己有一个客观、清晰的认识。你的自我认识决定了他将对你采取的措施。你姿态低，他掌控全局吃定你；你姿态高，更不把他当一回事，他不知道你内心所想，无法掌控你。当然，你也别想通过这样的方式来杀死他的自信，但至少能让他明白你不是软柿子。

第四步：服从性测试。

成功搭上你以后，他会要求你做某件事来测量你对他的兴趣，以判断自己得手的机会有多大。例如让你陪他去给妈妈买生日礼物。

心计女王拆招：一般女孩都不会拒绝这样冠冕堂皇的小请求，尤其是对他颇有好感的话。但也请别一起上一次街就对他掏心挖肺，让他知道了你家祖坟埋在哪儿。如果他的要求让你犹豫，哪怕只犹豫了几秒钟，也请拒绝。

第五步：肢体接触。

一旦服从性测试通过，他就会貌似不经意实际上有预谋地对你做出进一步的肢体接触，例如揉头发、握手、弹你的脑门等。一方面让你们之间关系升温，另一方面也是在试探你的底线。

心计女王拆招：老祖宗说了，男女授受不亲。肢体接触会让男女之间关系迅速升温，所以避免肢体接触是最好的冷处理。当他离你太近，或试图以任何借口接近你的身体时，你一定要保持警惕。如果他动作放肆，那就扯开嗓子喊“非礼”。

第六步：上床。

以上测试顺利完成后，他开始千方百计诱导你走向酒店的大床。这是泡妞高手的终极目标。

心计女王拆招：性是爱的一种体现，也可能是纯粹的肉欲。但无论怎样，一个巴掌拍不响，你不愿意，他总不能强行。再者，世界上没有任何一个泡妞高手会为了跟某个女人上床，而在她身上耗上整整一年。关于这一点，你自己看着办。

第七步：冷冻。

此时，床已经上了，他可以功成身退了。他开始不接你的电话，就算接了也是三言两语就打发你，再过几天干脆人间蒸发。你幡然醒悟，只是走到了这一步，已经没救了，唯一的方法就是打起精神，想想该怎么对付下一个泡妞高手。

真心在某一段具体的时期只能献给某一个人，他到底是爱你还是只想泡你，只要你不盲目，就一定能分辨。泡妞高手来了严防死守，真正的爱情来临也请不要放过。

九、为什么有些女人总是好运?

有些女人好像生来就运气很好，看看那些白富美就知道了，万千宠爱集一身，似乎想要什么只要朝上天勾勾手指就行了。

再看看苦大仇深派，就没有一件顺心的事。这不禁会让人感觉到很恼火，为什么有的女人总是会受到上天的眷顾，而有的女人就好像走了霉运般持续倒霉?

曾经在网上看到过这样一个帖子：

我是家中的独生女，从小家庭条件不错，父母虽然总是吵吵闹闹，但还从未到感情分裂、离婚的地步。爸妈很爱我，爸爸给我慈父的爱和朋友般的关怀，妈妈虽脾气不好，但在生活上对我无微不至，所以我的身体非常好。

小学，我进入了带暖气设备的学校，1982年的时候这样的学校不多，大部分还要烧炉子。后来转学，遇到了非常喜欢我的班主任和校长。我还是个“三道杠”。中学，我不费吹灰之力就考上了最好的学校，后来一直是班上的前三名。再后来考上了省重点高中，我们高中的班级非常优秀，学校的教育风格不是死学习的那种，高三了还坚持每周一个下午的体育自由活动。高考成绩出来，我们班的平均分是560分，当年理科重点分数线才540分。在高中我认识了好多优秀的同学，他们现在都小有成就，这其中还包括我的老公。

很顺利的，我考大学的第一志愿也得到了满足。我进入了一所重点大学。大四，我又如愿考上了硕士研究生。

我的初恋也成功了，研究生毕业后我们顺利结婚。我的选择没有错，结婚之后我们非常幸福，到现在已经七年了。

工作七年，每一次都是面试了就被录取。这其中包括我一直向往的“CEO的摇篮”——通用电气。后来虽不得已离开了那里，但我又一次进入了一家世界百强的大公司，工作也比较轻松自如。

去年，我生下儿子，竟然没有感受到什么是阵痛。婆婆比较通情达理，儿子99%都是和奶奶一块睡，因此我比较轻松。我和老公也有谈不完的话，不管老公有多忙，他都愿意把一天的心得和我交流。

我怎么这么幸运，所有的考试都是一次成功，所有工作面试也都是一次成功，进入的学校和公司也都是我向往的，恋爱一次就结婚，我和老公如此和谐。老公工作上也比较顺利，三十出头就是一家万人上市公司的中层领导，他的前途远不止于此。

我一定要善待这个世界，好好品尝这来之不易的人生。

的确，从表面上来看，帖中的楼主是个幸运儿，仿佛事事都能如愿。但仔细看，就会发现她的幸运多半是因为她拥有好心态和一颗感恩的心。

其实，在她小时候，父母的关系并不是很和谐，但是她仍然抱有一颗感恩之心，而不是抱怨自己的父母习惯争吵。工作之后，她也是以感恩的心态来面对每一份工作，而不是像很多MM一样，抱怨自己经常跳槽，生活多么多么不容易。

所以，那些看起来总是被好运眷顾的“好运女神”们，实际上是掌握了交好运的秘诀，那就是以感恩的心来面对生活，屏蔽掉那些令自己沮丧的事。她们看上去总是如此好运，因为在她们的世界里，没有悲伤事，只有美好时。

第四章

HOLD住圈子，

三个闺蜜，两个蓝颜，外加一个至尊宝

一、思想决定人生，圈子决定命运

细心的你一定会发现这样的现象，假设你所处的圈子有五个人，其中至少会有四个人经济条件以及个人能力在同一水准上。如果你的圈子成功达人居多，那么你成功的几率往往更大。假设你的圈子内都是平凡的办公室 OL，对名利追求并不高，你也很难成为地位显赫的人。

正所谓物以类聚，人以群分。热播美剧《绯闻女孩》中，常常聚集在一起的全都是上东区的“富二代”，而家境普通的女孩珍妮为了融入这个团体，只能卖掉自己的私人物品，换取舞会时穿的晚礼服，穷其心计地努力迎合。这种少数必须服从多数的定律，也就是圈子自然定律的必然法则。

《美国周报》第 93 期的某项调查结果显示：只有 8% 的成功人士获取成功的方式是通过不断地积累经验和良好的经济基础（比如父辈留下来的积蓄），而其余 92% 的佼佼者，获取成功的办法便是通过自己的圈子上位。

这听上去似乎很不可思议，但事实表明，圈子时代已经来临，思想决定人生，圈子决定命运！这并不是危言耸听，而是在当今时代你必须意识到的严重问题。这是一个广交人脉的时代，没有圈子便等于没有未来，单打独斗只会让你的步伐变得越来越艰难。无论是在职场还是在其他领域，你都必须要找准自己的圈子，只有团队组合的方式，才能够让你在最短的时间内获得最佳的成绩。

如果你老是觉得自己的事业停滞不前，一直都没办法打破僵局，便有必要思考一下，自己是否站错了团队，进错了圈子？

你要知道，圈子也有好坏之分。就好比气场分正能量和负能量，好圈子的气场便是正能量，可以引导你积极向上，变得信念强大，为了自己的目标努力奋进；会助你一臂之力，会让你有危机感、紧迫感，压力成动力，继而走向成功之路。而坏圈子的负能量，则会令你安于现状，拖沓散漫，甚至会让你更加退步。

随着时代不断地发展，我们结识人的机会变得越来越多，通过闺蜜介绍，互联网，甚至是旅行都可以让我们结交到有用的人脉。而作为一个多元化的时代，每个人都可以同时拥有多个圈子。

这就更需要我们理清思路，筛选有用的人脉，确立正确的圈子。而决定你成功的因素，往往取决于以下三个圈子：

你的主圈——事业帮助圈

首先你必须明确自己的目标，那就是你想成为怎样的人。只有确立了这个目标后，你才能更有效率地结交你所需要的人脉，通过这些人脉，继而结识更多对你的事业有所帮助的人。你的事业帮助圈是你的主要人脉圈，而你需要将自己大部分精力投入在这个圈子内。

你的辅助圈——资源共换圈

你的主圈内更多的是同一行业、对你的事业上会有所帮助的人脉。而你的辅助圈起到的作用，则是帮助你拓展更多的资源。这个圈中可能充斥着各行各业的人，你们在交流中很容易向彼此互换更多的商业消息、客户资源等等，它能够让你在事业圈稳固的基础上更进一步，对你来说绝对是锦上添花。

你的隐性财富圈——正能量朋友圈

这个圈子便是你日常休闲活动的社交圈，你只需要掌握一个原则，那就是这个圈中的人脉必须有着积极向上的气场。你不妨细心观察一下，那些对生活和未来常常感觉绝望的人，无一例外地都不会获得成功。那些成天怨天怨地的人，往往只会把时间浪费在这些无用的抱怨上面。

好的朋友圈或许不会为你带来直接的财富，但他们对你的心态影响是很大的，这对你来说无疑是最大的精神财富。

美乐是一位保险推销员，经过一段时间的培训后，美乐开始了保险业务员的必经之路——陌生拜访。可不久后美乐便发现，陌生拜访实际上并不能够为自己带来任何收益，一次次地被拒之门外之后，美乐意识到了人脉对自己的重要性。

要强的美乐很想在保险行业立足，实现自我价值。美乐开始通过朋友结交各行各业的人脉，而在通过和这些人脉的交流中，美乐并没有立刻表现出自己的目的，而是在交流中循序渐进地引出自己的身份，在对方对保险有兴趣的时候，才会介绍一些保单的内容。不久，美乐结识的某位经理便为自己的小女儿投保了一份少儿险，并为美乐介绍了自己的邻居。

美乐通过结识人脉，在短短的一年内便做到了部门经理。她还为自己制订了一系列计划，比如她想做商业险，便有针对性地扩展这方面的人脉。不知不觉中，美乐已经为自己建立了不小的人脉网，而且这个人脉网依然在不断地扩大。

试想一下，如果美乐没有通过人脉推销保险，很可能还在原地徘徊，或是早已经放弃了这个对她来说非常具有诱惑力的行业。如果没有人脉，无疑只能把自己逼进死角，越做越窄。别说成功，就连生活都很难得到保障。

时代在发展，必然是新的规则代替旧的规则，而社会永远是适者生存。圈子时代的来临，让我们不得不走出“宅时代”，不能再一味地活在自我的世界中。因为只有不断地发展正确的人脉，才能够实现自己的梦想，实现自己所期待的价值。

二、不得不看的台湾姐妹淘

其实，姐妹淘并不是这个年代才有的产物，早在20世纪60年代就出现过了。当时的女性还属于弱势群体，所以姐妹淘大行其道，有点抱团取暖的意思。

虽然随着时代的发展，女性变得越来越有地位，可是这种三三两两聚在一起的局面仍然没有改变。看看大热的《欲望都市》就知道了，四个女人聚在一起，日子过得有滋有味，她们的话题永远围绕着男人、时尚和女人喜爱的那些东西。

姐妹淘们的聚会往往很精彩，那种喜悦是由内心往外散发的，即使大家坐在一起什么都不讲，也会感觉很开心。看看台湾有名的明星姐妹淘，大小S一干人等，真的会让粉丝们很羡慕。她们不仅个个漂亮，个个事业有成，彼此之间还会相互关心，非常有爱。尤其是在其中一个遇见困难，需要帮助的时候，众姐妹都会纷纷站出来用实际行动力顶。

当年小S被黄子佼劈腿，大S和吴佩慈无数次在节目中为自己的好姐妹鸣不平。后来在范范老公黑人的撮合下，小S终于和现在的老公修成正果。实际上，台湾姐妹淘是一个具有正能量，彼此会为对方带来好运的闺蜜团。

都说物以类聚，人以群分，能够加入这样的闺蜜团的成员，绝对不会是碌碌无为的大胖妞。即使自身条件不够好，在这种群体中待久了，也会对自己要求更高，面对这些“每天都努力让自己更好一点”的大美妞们，你又怎么可能甘于落后呢？

有着美容大王之称的大S，皮肤白皙得人人羡慕，实际上，大S在少女时代曾是个“黑皮王”哦。后来认识了吴佩慈，吴小姐还嘲笑她：“你妈妈怎么把你生成了黑锅盖，以后我可要仔细找老公，不能找个黑皮肤的，我好怕生出你这样的小孩。”

大S听完后很伤心，从此以后立志要白得像卫生纸一样。所以，台湾姐妹淘们之间会有一种“正能量传染”，久而久之，这个团体的每个人都越变越好。

想象一下，如果你的姐妹淘群体都是一群终日以泪洗面，只会抱怨生活的“怨言小姐”，待在这个群体中的你难免也会受到影响。要知道，外界环境对一个人的影响是十分巨大的。尤其是你身边的这个族群，你的人生多半都是受这群人影响的。

如果你也想拥有属于自己的正能量爱心小团队，就多跟台湾姐妹淘学习一下吧！当然，前提是你有足够的信心，让自己拥有正能量，对未来充满信心，相信自己会越来越好。

你可以在纸上写出你梦想中的姐妹淘，她们是怎样的，她们的职业，她们的穿着，甚至是她们会喜欢怎样的男人。越具体越好，这对于你找准自己的姐妹淘团队很有帮助。不要被动去等待同性来认识自己，主动出击，选择自己想要结交的姐妹淘。只有主动选择，你才会更准确地找准自己的闺蜜圈。

三、女人，要有饭局

微博上流行一句话：不努力的女人只有两种下场，逛不完的地摊和菜市场。这句话的改编版我觉得应该是：不上进的女人只有两种下场，做不完的饭和吃不完的便当。

千万不要认为有饭局的定义就是有异性约自己吃饭，没有异性约就认为自己弱爆了。其实，在现在的社会中，很多“大事件”都是在饭局中谈成的。

在我们的传统思想中，会认为那些总是饭局不断的男人非常不靠谱，要谈事情就好好谈事情嘛，干吗老打着吃饭喝酒的名义在外面混时间。实际上，饭局的重点在于局，而不是在于饭本身。中国人就是习惯在酒桌上谈事，尤其做销售的同学会很有感触，很多单子都是在饭局中谈成的。

如果你是一个有些事业心，不甘于窝在家里，想要在人脉上有所突破的时代女性的话，那么，饭局对你来说就是十分必要的。

抛开自己那些犯二的想法吧，不要戴着有色眼镜去看待它——又要喝酒，又要赔笑脸，这种局才不是我喜欢的。就跟说英文、会开车一样，你的酒量也同样是在社会上打拼的必修课。

在我很小的时候，我的父亲就教育我，女孩子一定要会喝酒，而且酒量一定不要差。因为只有酒量不差，你才能既做到保护自己，又能像个男人一样不输场面，在饭桌上侃侃而谈，达到你的目的。其实，并不是大家多喜欢喝酒，而是喝点酒，有助于舒缓紧张尴尬的气氛。一桌人可能都不太熟，但喝了几轮之后，大家都会觉得气氛轻松了很多，距离自然就会拉近了。

尤其是在职场中，饭局已然成了“社交达人PARTY”，那些下了班就习惯宅在家里的女人，常常抱怨自己没有人脉，实际上是因为自己把人脉之门锁死了。想象一下吧，当你在家里对着电脑看泡沫剧大嚼爆米花的时候，别的女人也许正在饭局上谈笑风生，笼络人脉。

贺岁片《饭局也疯狂》，就是以一种诙谐幽默的方式表现了当下的饭局之热。在饭局中，发生各种有趣的段子，来剧中饭店“天人一”吃饭的非官则贵，这也表现了饭局在某种程度上已经成了身份的象征。

很多职场女性感觉自己简直就是女超人，工作一天很辛苦，但下了班还要“饭局赶场”。

三十岁的Vivi就是传说中的赶场达人。因为下班太晚没有时间回家换衣服，上班的时候穿得又太过职业，Vivi想到一个妙计，那就是把自己的红色小POLO后备箱改成移动衣帽间，在里面放了三套不同风格的衣服和配饰。一套运动服，去健身房的时候用。一套夜店风，压力太大总要放松一下。还有一套被Vivi称作是自己的职业饭局战服，是一条黑色的蕾丝裙，用于各种饭局都很适合。

有个关于饭局的调查显示，众MM表示最不愿意参加的五大饭局之首就是商务饭局，因为这种饭局往往枯燥乏味，目的性明确，又不得不参加，所以往往是硬着头皮往上冲。其实根本不需要这么悲观，换个角度想想，也许一场饭局和你拼命一个月达到的效果是一样的。既然有更简便的操作方式，又何乐而不为呢？

《北京爱情故事》里有个非常讨喜的角色，就是擅长交际、充满女人味的伍媚。她是个非常聪明也具有代表性的女人，不仅在生活上游刃有余，有情有义，在职场上也通过自己的智慧取得了很好的成绩。

伍媚很擅长在饭局上谈生意，有几场戏都是表现伍媚通过饭局达到了目的。在这部电视剧中，可以充分看出饭局对于一个女人的重要性。运用得好的话，我们完全可以通过女性自身的优势获得自己想要的效果。

但各位MM需要注意的是，女性在社会上毕竟是弱势群体，学会如何自保也是非常重要的。现在就教你如何Hold住饭局——

三十一岁的琳达就职在一家国企，在国企中少不了各种聚餐，这是在领导面前表现的绝好机会。现在的琳达对这种饭局早已见怪不怪，也能很好地表现自己，可倒退几年，局面却完全不是这样的。

琳达是独生子女，父母对她很娇惯。所以刚参加工作的时候，琳达给人的感觉非常“目中无人”。不仅在聚餐的时候坐过主宾的位置，领导敬酒的时候，琳达还曾以不会喝酒为由用饮料代替。后来多多少少能够喝点酒，主动跑到领导面前敬酒，碰杯的时候也不知道杯子的高度要低于对方，所以闹出过不少笑话。

后来琳达便经常在网上百度一些饭局时需要注意的事项，加上实战经验多了，渐渐适应了这个环境。琳达觉得饭局是一种很必要的感情交流，平日里因为工作，和领导接触的时间并不多，但是在饭局的短短几个小时中，却能很自然地拉近彼此的距离。

小婉总是自嘲，不是在饭局上就是在去饭局的路上。二十八岁的她在一家广告公司做部门经理，跟客户吃饭应酬是常有的事。最让小婉无奈的是，很多客户都会在饭局中持模棱两可的态度，不说行也不说不行，所以进行下一场就是必要的投资。常常在饭局中已经喝了很多酒，换到酒吧、KTV 又要再 PK。

小婉对自己的酒量很有信心，她觉得对于女人来说，在饭局中要懂得左右逢源，千万不要让那些趁机揩油的客户有机可乘，适当的时候需要耍些小聪明才能脱身。

聪明的女人不仅会让自己饭局不断，更懂得如何运用自己的魅力得到想要的效果。如果想要拓展更多的人脉资源，就先让自己成为一名“饭局女王”吧！

四、女人必须有三五知己

提到知己，你肯定会说：这年头，谁还没几个朋友啊，如果我现在想找人去酒吧，大把的女人会化好妆排着队等我！

亲爱的，别混淆概念好吗？那种招之即来挥之即去的玩伴，每个人都可以抓出一卡车来，反正有人请客有人买单，何乐而不为？

你的身边肯定不缺这种人，在你过得光鲜的时候凑过来，假惺惺地赞美你的包，你的发型，你花了几千块新买的鞋子。一旦你有朝一日变得落魄，这些人便会做鸟兽状散开。有一个比较残酷的测试，就是问你周围的人借钱。那些你认为在危难关头会给予你帮助的人，在这个时候通常会让你失望了。

所以，不要被那些表面的繁华假象所迷惑，每个女人，至少要有三五个知己。而知己的概念是：你真正可以把心放在他们那里，不必担心自己的困境，他们永远会站在你这边，不会去嘲笑你，更不会落井下石。当你需要帮助的时候，他们绝对会挺身而出。

女人是种很奇怪的动物，很多女人表面上关系很好，穿闺蜜装，做一样的发型，恨不得告诉全世界我们是姐妹花、连体婴，但私下里又总是喜欢跟对方攀比。好胜的心让我们心里的小恶魔时不时就会跳出来。坦白说，我们都希望自己能够成为朋友中最漂亮、最有才华、最幸福的那一个。

所以，在这种心理暗示下的友谊往往会很脆弱，拥有知己对女人来说就成了一件十分难得的事。

刘晴一直以为自己和赵佳是一对儿非常要好的闺蜜。两个人从几岁时就相识，一起长大。大学毕业以后，刘晴留在本市，做了一名公务员。而赵佳从小就向往去更大的城市生活，所以南下去了繁华的广州。

一开始，两个人并没有因为拉开了距离而疏远，赵佳常常给刘晴打电话，抱怨一个人生活的种种艰辛，还有感情上的不顺利。刘晴很心疼，怕赵佳吃不好饭，常常寄钱给她。可是随着时间的流逝，赵佳开始迷失在大都市的繁华中，只有在自己心情不好或者钱不够用的时候，她才会想起刘晴。这种状况让刘晴感到很难过，但是又不舍得放弃这段从小就建立起来的感情，所以总是默默忍受着赵佳越来越过分的要求。

直到去年，刘晴的母亲得了癌症，因为要支付昂贵的化疗费用，家里一下子就成了负债的局面。刘晴感觉压力很大，便跟赵佳讲了自己的难处。赵佳听完后只是象征性地安慰了一下，以工作忙为借口，自此之后便很少跟刘晴联络了。

刘晴感觉很心寒，十几年的朋友，在自己遇到困难的时候不仅没有帮一把，反倒“人间蒸发”。她开始怀疑自己是不是看错了人，不禁对这段友谊产生了疑问。

实际上，我们常常有一个误区，那就是认识越久的朋友也就越可靠。其实，每个人都是在随着自己的成长环境而变化的。因为接触的环境和人群不同，自己也会发生翻天覆地的改变，千万不要凭借着记忆中对某个人的印象，而去与之交往。我们必须拥有一双火眼金睛，寻找到我们真正的知己。

·私密经历·

贴心闺蜜最可靠

记得那是在过完年的时候，我和他各自从老家回到深圳，回到我租住的小屋。那天晚上他的兴致很高，说：“可不可以不带套啊？那样没什么感觉啊。”然后装出可怜的模样，我的心一软就答应了。当时大姨妈刚刚过，我还以为是安全期呢，所以事后也没有吃紧急避孕药，谁知道这就铸成了大错。

一个月过去了，大姨妈还没来，我开始有点担心了。又过了一个星期，还是没有来，我自己偷偷地去药店买了试纸。没想到不想发生的事情发生了，就那么一次怎么就这么灵啊。我当时眼前一黑，浑身发冷，感觉世界末日来临了一样！我坐在地上，双手抱膝，头枕在膝上，眼泪无声无息地流着，过了一会儿我才拨通他的电话，没想到他居然说："你冷静一点吧，我现在在上海出差，没有时间过来啊，你找一下你那些姐妹吧。我手机没电了不说了！"再打手机的时候，不是关机就是转入秘书台。我的心都寒了！这个不负责任的男人！

没有办法，就打了一个好友云的电话。她是我在这个城市唯一的好朋友。云马上放下手中的工作，赶来安慰我，而且建议我马上做人流，说如果拖得时间长了，会对我没有好处，因为她是过来人有经验。

在她的陪同下，我第一次到了妇产科的手术室外，消毒药水味让我很不适应，差点晕过去。门外坐着一排等着做人流的女人，有的是男友陪同的，有的是老公陪同的，很幸福的样子，而我却只有云陪着，而那个种下孽种的人都不敢站出来，我心里酸溜溜地不是滋味！

手术终于做完了。我像是一个没人要的孩子。医生问我能不能走，我勉强说能，好不容易把衣服穿完走出来。云已经在手术室门口等我，见我虚弱的样子，一把扶着我在休息室的床上躺下来了。

在医生的吩咐下我喝了一杯药，就是有助于子宫收缩的药，我喝完之后，疼得满床打滚。云在一旁一会儿帮我擦汗，一会儿帮我揉肚子，还帮我去窗口取医生开的药。等我终于平静下来，她拿出事先从家里带来的厚风衣给我穿好，出门叫的士到门口，把我扶上去。一路上靠着她的肩膀到家，我才完全从那份紧张中脱离出来。

接下来的几天里，云一直都陪着我，帮我请了假。我就像坐月子一样在家好好休养，云每天都给我做好吃的，给我煲乌鸡汤，可我却不像之前那么有胃口了，只是喝一点汤，什么也吃不下，躺在床上发呆。

云又陪我聊天，开导我说：“你一定要振作啊！吃一堑长一智啊！下次可不能这么傻了，要学会保护自己啊，你还年轻可以重新开始，别想那么多，以后的路还长呢！”

那段时间多亏云在身边照顾我开导我，我的身体也很快恢复过来。那个负心汉曾经来过一次，我没让他进屋。他把钱交给了云就再也没出现过。我很伤心，这种伤心甚至大于身体之痛。于是云劝说我，说身体是自己的，要用这笔钱把自己身体养好，就当没有遇到这个人，就当是自己晚上走夜路摔跤了。

听了云的话我才释然，要不是有云在身边，我还真不知如何度过那段伤心的日子。想起过去那段经历，我一直对云心怀感激，真的，当你遇见这样的“麻烦”，只有找最贴心的女友才最合适，尤其在一个举目无亲的城市里。

五、一定要做有蓝颜的女人

我的闺蜜跟我开玩笑说，什么才是一个女人的幸福生活呢？那就是拥有一个老公，一个情人。

其实，她要表达的理想生活状态是：有老公的前提下必须拥有一个蓝颜知己。就像每个男人都渴望拥有一个红颜一样，这就像正餐后如果没有甜点总会感觉少了什么一样。

无论是红颜还是蓝颜，都是感情生活中的平衡木。当我们跟另一半意见不同，或者审美疲劳的时候，有一个蓝颜总是默默站在身边。他体贴、细心，想你所想，总是能够明白你真正的需要。

一个好的蓝颜，会懂得保持恰当的距离，这个距离一定是恋人未满，又多于朋友的感情。某种程度上，非常像是亲人般的依赖。

我的蓝颜是个摄影师，我们两个很互补也很合拍。他是水瓶座男人，热衷尝试新鲜事物，跟他在一起的时候，永远不用担心没有话题。然而我们又很清楚彼此有多适合做朋友，所以认识很多年一直都保持着两个人应有的距离和位置。我的生活中因为有他，所以常常灵感不断。曾经单身的时候，因为时常有他的陪伴，我也不会觉得感情上有多空虚。

不可否认，我的蓝颜陪伴我度过了很多个难挨的夏天，让我在无数个不顺利的日子里，因为有他的存在而并不觉得有多苦闷。直到现在我们仍然是很好的朋友，彼此默默关注对方的生活，偶尔发一发关心的短信也会觉得很窝心。

很多女人都会发觉，男人和女人最大的不同之处，就是男人结婚后跟婚前的状态并没有太大区别，而女人的话题慢慢就会围绕家庭、孩子、老公……好像生活中除了这些再也没有其他内容。

婚后的女人容易把人生越过越窄，这是因为她往往会惯性地把家庭当成人生的重心。以家庭为主并不是错事，但家庭生活毕竟不是人生的全部。在 Hold 住家庭的同时，我们更应该关注的是自己的人生。

而拥有一个蓝颜知己，往往会让我们的人生变得更好。想象一下，你很难经常跟自己的另一半讨论时下的热点，这多多少少都会让人感觉你是个很没情趣的人。但是，如果你有一个很棒的蓝颜，他不仅可以充当你的八卦闺蜜，也可以扮演你的“生活急救箱”。每一次当你被崩溃的电脑搞得心烦意乱时，他都会跑出来江湖救场。当你和另一半发生争吵时，他还会随叫随到充当情感垃圾桶，贴心地请你喝咖啡、看电影，等你大倒完苦水心情舒畅后还会扮演职业司机送你回家。

某种程度上，他就像是安全的依靠，在你受伤时、失意时总是会挺身而出。我有一个闺蜜把她的蓝颜称作“晚礼服假面”。她老公平时工作很忙，所以蓝颜就充当了半个老公的角色。她老公也十分放心，把大事小事都交给这位蓝颜处理，就连她怀孕去产检，有好几次都是蓝颜陪伴左右。

如果说闺蜜是女人必不可少的暖心宝，那么蓝颜就是创可贴，在你需要的时候总会恰到好处地抚慰你的伤口。

六、真诚是保持友谊永恒的基石

曾经听过这样一个故事：一个年轻人想要开家饭店，于是便跑去问他的父亲，在开店的半年前都需要准备些什么。父亲对他说，他什么都不需要准备，只要在这半年里，将整条街每天都清扫一遍。年轻人一头雾水，但还是照着父亲的话做了。半年以后，整条街的邻居都来他的饭店吃饭，全场爆满，生意出奇地好。

我们常常会认为打动一个人是件超级困难的事，不仅需要投入大量的精力还要投入大量的金钱。实际上，我们想要维护住周围的朋友，只要做到两个字就足够了，那就是“真诚”。真诚是一种令人无法抗拒的力量，当我们真诚地与周围的人相处时，对方也会报以真诚去对待你。

当然，我们不可能投入多少就要求对方回报多少，友谊不是投资，而是一种发自内心的情感。喜欢听歌的姐妹会发现，有些歌虽然旋律很好听，但总感觉不能打动内心，那是因为这些歌里缺乏情感，不够真诚。

李冰冰是个特别讨人喜欢的明星，博客流行的那会儿，她在新浪的博客排行榜中是第一名，经常会在博客中和粉丝互动，记录的也都是自己平淡且真实的生活。她出生在北方小镇的一个工人家庭，从师范学院毕业后，被分配到了当地一所小学做音乐老师。然而，她总觉得这种生活并不是自己想要的，所以两年后，她以出色的成绩考入了上海戏剧学院。

来到大都市后，她的同学基本上都是“富二代”，从穿着和打扮上都和她有着很大的不同。李冰冰在这个群体里很不起眼，穿着朴素，就像是个丑小鸭。但是她从来不会因为自己的穿着而感到自卑，反而对周围的同学很热情，也很喜欢帮助别人。

几部电影拍下来，李冰冰已经小有名气。尤其是2007年她在《云水谣》中的表现，更是让人过目不忘。渐渐地，她得到了大家的认可。然而随着走红，她并没有抛弃掉过往的真诚和朴实，依然经常和粉丝互动，依然用最本色的一面记录着生活。能够获得这么多人的喜爱，跟她的真诚是分不开的，她一直都在真诚地面对周围的人，面对她的工作，面对着这个世界。

而面对朋友，我们同样需要这份真诚。只有真诚才能让彼此感觉到对方的关心，也只有真诚，才会让我们感受到拥有真正的朋友是一件多么幸福的事。

七、在朋友困难的时候留下，女性也得讲义气

曾经看《古惑仔》看得热血沸腾。虽然是黑帮故事，却从中看到了男人之间有血有肉、肝胆相照的情谊。

很多女性会认为讲义气是男人之间的事。其实对于朋友，女人同样也要讲义气。不求在对方顺境的时候沾多大的光，但在对方逆境的时候一定要做好一起吃苦的准备。

仔细想想，亲人是注定好的，不需要我们自己选择。爱情是两情相悦，往往掺杂了荷尔蒙的成分。而世界这么大，在几十亿人口中，偏偏选择了对方做朋友，这该是怎样的缘分？

有人说，朋友就是我们自己选择的家人。相信很多人看了这句话都会有所触动。如果朋友是我们精挑细选留下来的家人，那么在家人遇到困难的时候，我们是不是应该挺身而出，帮助对方渡过难关呢？

电影《雪花秘扇》讲述了19世纪一个关于女人之间友谊的故事。在当时的年代，女人必须裹足，生活也几乎完全和外界隔绝。于是生活在那时的女性，就发明了属于她们独特的沟通密码，那就是女书。她们把想说的话写在扇子上，传递彼此之间的情谊。有些少女结成“老同”，寓意为同年出生，长相和脾气都比较相似的女孩一生互相照顾，互相扶持。故事中的主角百合和雪花就是这样一对“老同”，她们一同经历了饥荒，经历了叛乱，一同经历了婚姻、寂寞，以及为人母的欢喜和悲伤。

那个年代女人有一双漂亮的“三寸金莲”就可以嫁得很好，原本出身贫苦的百合因为这样一双完美的脚，嫁到了富贵人家。而本来出生在富贵之家的雪花却因为父亲的挥霍而家道中落，嫁给了一个乡下屠夫。随着时

间的推移，百合成为了当地最有钱的富太太，雪花却一直在艰苦的生活中挣扎。

为了照顾雪花，百合希望她能够搬出丈夫家和自己住在一起，雪花却不忍心抛弃自己贫穷的丈夫。两个人因为分歧和误会分道扬镳。最终在雪花临终前，她终于承认了自己内心中所珍惜的情谊：“终其一生，我都在渴求爱，其实我根本不懂什么是发自内心的爱，老同的爱。这么多年没有你，是对我的惩罚。”

很多人都觉得这是一部拉拉电影，其实不然，这部电影讲述的完完全全是同性之间互相扶持，互相关爱的故事。我一直都觉得无论是雪花还是百合，能够拥有彼此都是人生中最大的幸福。这种已经超越一切的情谊，如果你也正在拥有，请务必好好珍藏。

做一个讲义气的女人，在对方需要你的时候“两肋插刀”，你将会收获最真诚的情谊。

第五章

HOLD住人脉，十种熟人不可少

一、穿有质感的衣服，交有质量的朋友

放弃那些没有质量的朋友。这听上去似乎很不厚道，好像有一种利用完对方就甩手走人的架势。

我知道说服自己迈出这一步的确需要很大的勇气，而且切断和这些人的联系也需要一定的技巧。但如果你想拥有掌控生活的能力，就必须意识到有些人是必须要从你的生活中消失的。而究竟该如何在最短的时间内分辨出哪些朋友该离开你的生活，哪些则是需要留下来的呢？

你需要拿出纸和笔，并按照以下的方法来将你周围的朋友归类，把你周围的所有朋友都写到名单上。当然，这些朋友绝对不包括那些与你见面仅仅打个招呼的群体。你需要写下的是经常与你打交道，并且来往还算频繁的那部分，因为只有他们会对你的生活造成一定的影响。

当统计完名单后，你可以将他们细分到三个群组中，这三个群组分别是：留下，待定，离开。

这三个群组的衡量标准各有不同，你将在下面的对照中找到答案。

留下：究竟什么样的朋友可以待在“留下”的阵营中？你只要掌握以下几个特质，就会很容易分辨出来。

积极——虽然会遇见各种各样的烦恼以及难缠的琐事，但他们的身上永远具备积极解决问题的特质。

想法——他们不会满足现状，在某一领域内对自己要求很高，有自己独特的思想，处理问题的能力很强，总是会有不错的想法。

包容——他们对你足够包容，即使你做错了事，也不会揪住这个问题不放。他们的身上具备着宽容的特质，这样的人往往心胸宽广，而心胸宽广则是成大事的首要条件。

分享——他们乐于与你分享所有好的信息，而不是当有新的商机或机会时选择独占。他们在有好事情的时候总是能够想起你来，并乐于介绍新的人脉给你。

信任——信任是衡量彼此是否能够称为好友的标准。他们对你足够信任，而与此同时，你对他们也会产生信任感。信任感有时候更是一种安全感，只有彼此之间达到这种默契，在接下来的配合中才会越来越好。

待定：这个区间的朋友，也许只有“留下”群组中的少量特质，但有可能是你对他们还不够了解，你大可以再给自己一点时间观察看看。

只要符合下面的标准，就可以暂时放在这个区域内：

有着“留下”群组中至少两个特质。

你认为他们的职业在日后对自己可能会有所帮助。

与你从未有过经济往来，没有问你借过钱。

他们并不是喜欢撒谎、喜欢吹牛的人。

他们并没有非常严重的恶习，例如赌博、酗酒、严重透支信用卡等。

离开：当你意识到某些朋友已经干扰到你的生活时，你就应该考虑是否要他们出局了。衡量的标准也很简单，如果他们带给你的困扰只是偶尔才有，那你大可不必为此感到心烦。但如果这种困扰已经持续了有一段时间，比如你的某位朋友常常找你借钱，令你感觉很头疼，很难处理，或者经常在你工作的时候大篇大篇地抱怨周遭的一切。如果这种状况是经常性的，你就不得不让自己扮演刽子手了。他们除了会分散你的注意力，为你的生活带来困扰之外，也不会起到别的作用了。

仔细地观察下你周围的朋友，下面所列的行为，只要符合四项以上，你的离开名单里就应该添上他的名字：

◎ 惯性撒谎。这类人往往不敢正视自己，性格多半自卑，但又很希望获得大众的认同，于是不得不用一个又一个谎言来装点自己的生活。真正的强者是不需要老用谎言伪装自己的，如果一个人总是习惯性说谎，便可以断定他很难会获得大的成就。因为没有人愿意和老是说谎的人打交道。

◎ 不能带给你积极的力量。其实你只需要静下心来好好想想，就会发现，大部分朋友都会在你想要去做一件事的时候，不断地泼你冷水。他们往往美其名曰这是为你好，怕你失败等等。可无形中，这些人便会传达给你一种惯性思维，在你有了一个想法后，就会习惯性地想到失败，逐渐丧失“试一下”的勇气。

实际上，这种打击的方式是致命的。在社会中，我们恰好需要的精神就是不怕失败，我们需要正面力量的鼓励与引导，让自己有更多的能量去追寻自己想要的。

◎ 总是有求于你。需要钱的时候，工作无法完成的时候，拜托你帮他的亲戚找工作，总之他们总是有无数事需要你帮忙完成。而这种有求于你，仅仅是单方面的，因为你实在想不到对方可以帮助你做些什么。或者在你需要他们帮助的时候，他们的对白通常是“这个我真的帮不上忙”，“你知道我不擅长的”。

如果你身边有这样的朋友，就要小心了，他们只把你当成了不需要付费的私人助理。然后你的剩余时间，通常都在帮忙处理这些没完没了的琐事。

◎ 有恶习。而对于恶习的衡量标准只有两个，一是大众认为的恶习，二是你难以容忍的恶习。有恶习的人自控能力很差，跟这样的人打交道，无疑对你没什么好处。一个难以控制自己的人，又怎么可能会是对你有益的伙伴呢?

◎ 仇富。一个人如果老是仇恨富裕的话，他也会很难成为富人。不喜欢钱，钱又怎么可能会被吸引过来?这种人往往习惯于怨天尤人，永远盯住别人的财富，并为此耿耿于怀，却很少会考虑别人是如何辛苦打拼的。他们忽略的是需要通过自己的双手积累财富的道理。

◎ 不去提升。如果一个人对事业没有追求，并不能够否定他的全部，但如果在各个方面都没有追求，那就是很严重的问题了。在事业上没有过多追求，也许是不重名利，他们可能会在其他方面有所提升，比如为自己制订学习目标、旅行目标。

如果你接触的某些朋友，他们只是安于现状，对任何事情都没有追求的话，你该考虑远离他们。这类人的生活方式往往不会太积极乐观，如果你不想得过且过，最好和他们划清界限。

当你已经将你身边的朋友成功地划分到这三个区域后，你未来的生活也会越来越清晰明朗。但是与此同时，你也不需要直接地告诉某个人，即使以后不想要他们出现在你的生活里，也不需要让他们意识到你们已经不再是朋友。

所以，巧妙地处理好与这些人的关系也是十分必要的，下面罗列出一些避开方式，仅供参考：

▶ 你可以更换新的手机号码，并且只通知你的家人和“留下”、“待定”群组中的人。

▶ 你的聊天工具通常有屏蔽此人消息的功能，所以你完全不必通过拉黑的方式让对方知道你的意图。

▶ 当你不想再联系的朋友约你出去，你可以婉转地拒绝几次，你总是没空，对方自然就不会常联系你了。

▶ 如果你不想再联系的朋友又找你帮忙，你可以为自己描述一个比他更加困惑的境况，并且问他是否可以给予你帮助。

二、找到属于你的百分之五

很多人都会把这样一句话当成自己的座右铭，那就是：朋友多了路好走。可事实真的如此吗？实际上，这句话的含义并非表面看上去的那样简单,更通俗的说法应该是:对自己有利的朋友多了,接下来的路会非常平坦。

美国全球竞争力研究院院长黄力泓博士曾说过，每个人的一生中都会有二百五十个朋友，可在这二百五十个朋友中，只有百分之五的朋友对我们来说是真正有用的，而其他的百分之九十五，在很多情况下，或多或少都会为我们的人生之路与事业之路带来阻碍。

想象一下吧,如果你最好的朋友是个胖子,而你时刻都在为减肥烦恼,那么跟他相处的时间越多，你的瘦身之路就会变得越漫长。身体的肥胖不会无缘无故，大部分肥胖的人都习惯用食物来慰藉自己，心情不好的时候会大吃，心情好的时候也会借此来请你大餐一顿。感情不顺要吃，工作很烦会吃……显然,与这样一位朋友为伍并不能为你保持身材带来任何好处。

若是你想事业不断上升，而你最好的朋友偏偏是个玩家，所有闲暇时间都会叫你一起打网游,出去闲逛。光是这些就足够填补你的空白时间了,你又该拿什么时间来实现自己的梦想呢?

别再天真地认为自己定力十足,不会受到朋友或外界的干扰。实际上,我们的很多决定、生活方式、价值观，都会受到周围朋友的严重影响。如果你的朋友圈大部分人都吸烟喝酒，你很难会不去沾染。如果你身处在一个喜欢比拼名牌的圈子，你也很难长期保持自己的“低碳风格”。所以，选择跟什么样的人交友，对我们的人生有着十分重大的影响。

仔细拆分下我们的时间，一天只有二十四个小时，去掉正常工作的八小时和必要的睡眠七小时，还有洗漱、吃饭等琐碎累计的时间三小时，一个正常人每天的剩余时间最多不会超过六个小时。这六个小时对每个人来说都是极其宝贵的。

然而，大部分人却把这六小时奉献给了那百分之九十五对自己毫无帮助，甚至会为自己带来很多负面影响的所谓的朋友，这难道不是一件非常恐怖的事吗？

我们的生命究竟有多少时间可以浪费在无意义的人和事上？相信你已经有了答案。没错，你现在的首要任务就是用你的火眼金睛筛选出属于你的那百分之五，因为只有这百分之五的朋友对你来说才是真正的意义所在。

别再让那些对你毫无帮助的人来分享你的六小时，你要知道你并不是救世主，也不是情感专家，更不能够无时无刻不在解决身边人的烦恼。

如果你发现你的某位朋友只会在心情沮丧、缺钱、不顺利时才会想到你，那么你需要做的就是果断离开他。千万不要指望这个人能够在你遇见同样的事情时会伸出援手，你要知道，很多时候付出和收获的比例根本不受你的控制，你期待能够生成正比，但往往会事与愿违。记住，一个真正对你有益的朋友，绝对不会只在自己有困难的时候才想到你。

周然是个很重哥们义气的人，他的口头禅就是：我有很多朋友，他们是我一生的财富。情人节，周然本来约了女朋友吃饭，并说要给她一个惊喜。可就在临出发前，他忽然接到了朋友A的电话，说股票赔了，很郁闷。

周然想了一下，觉得A也不是外人，跟自己女朋友也很熟，于是在没有经过女朋友允许的情况下，便带着A一起赴约了。女朋友看到A以后很惊讶，但碍于情面并没有表现出来。结果，本来应该很甜蜜的二人约会变成了整场听A喋喋不休地诉说股票亏损。

实际上，周然的女朋友对A的印象一直不好，因为每次只要跟A在一起，A不是说老板坏话，就是抱怨社会现实，总是一副郁郁不得志的样子。她劝过周然几次，但周然因为所谓的哥们义气，完全没有放在心上。

这次约会很显然又被A搞砸了。周然本来准备的求婚戒指因为A的到来，也没有派上用场。约会结束后，周然的女朋友非常生气，因此和周然冷战了一个星期。在这个星期里，周然也没有闲着，因为朋友B恰好失恋，周然舍命陪君子，不仅没有好好安慰女朋友，还错过了周末的家庭聚会。

总之，周然总是会在朋友有难的时候第一时间陪伴在身边，但与此同时，忽略的是家人和即将要成为自己妻子的另一半。

半年后，周然的女朋友终于忍无可忍，投身到另一个对她更好的人的怀抱之中。家人对他抱怨连连，亲情越来越冷漠。因为总是操心朋友的琐事，周然也常常把工作放在一边，周围的同事跳槽的跳槽，升职的升职，可他还是停留在自己的小角色阶段。

又过了不久，本市的房子迎来了破天荒的降价。周然很兴奋，要知道奔三的他非常渴望能够拥有属于自己的一套房产。由于跟家人的关系不和，周然只好跟周围的朋友借钱，想先凑够首付。他满心以为，只要他提出这一要求，大家都会痛快地帮忙。可A的答案是最近手头紧，B的说辞是真的没有钱，C说自己刚刚换了车，D刚带女朋友去了香港……

直到这时周然才发现，这些所谓的朋友只有在遇见困难的时候才会想到自己。他不禁陷入了疑惑，朋友难道不是有福同享，有难同当的吗？为什么到了自己这里，就变成了有难同当，有福独享呢？

从周然的故事不难看出，他并不是没有朋友，而是恰好交的朋友都在那百分之九十五的范围内。周然的问题是，他缺少的恰好是能够给予他帮助，为他带来正面引导的那百分之五的朋友。

三、你必须拥有的几种职业的朋友

你必须拥有以下几种职业的朋友：

医生

常听父母讲，身体最重要。可年轻的我们却不以为然，总是以没时间吃饭，没时间运动为借口。泡吧、吸烟、熬夜、吃垃圾食品几乎是每个年轻人都在做的事。可随着年龄的增长，我们渐渐意识到父母的话多有道理，与此同时，我们发现自己是如此需要一位做医生的朋友。

我的闺蜜糖糖是个健康达人，除了每年都会为自己做全身项目的体检外，更是会为自己定期安排乳腺和女性健康的检查，而且从来不需要挂号。糖糖说，这都得益于她有一个医生朋友，虽然是脑科医生，但是他的交际很广，各大医院都遍布了他的人脉网，所以想要去哪个医院做什么检查，只要跟他说一声，就会受到很好的照顾。平时生病了也不会乱吃药，一年下来还节省了不少钱呢！

拥有一个医生朋友，就等于为我们的健康买保险。尤其是独自在外生活打拼的单身女性，有了这样的朋友就等于Hold住了你的健康生活。

造型师

国内有个二线女星，刚出道的时候染黄发，穿吊带背心，因不擅化妆，所以造型频频雷人。成名后，经过造型师的一番包装，黑色长发，穿衣风格也有了大幅度的提升，在荧幕前极力塑造淑女形象。

走在路上的时候，我们也常常能看见一些女孩本身的条件很好，但由于不会打扮自己，所以总是被埋没在人群中。假如，我们拥有一个造型师朋友，这些问题就统统搞定了。有了他，就等于拥有了新鲜感。他不仅会让你的品位大幅度提升，还会让你的生活变得精彩。

营养师

很多MM提到营养，头上都会闪现一个巨大的问号。她们会认为营养就是多吃蔬菜，补充营养就是多吃一些维生素片，而对于合理膳食的概念则会认为那实在是一件太麻烦的事了，所以长时间都会把自己置身在外卖和KFC的世界中。

在年轻的时候，我们都不认为营养是一件多重要的事，但是当我认识了一些营养师朋友后，我发现他们无一例外都气色很好，身材匀称，心态也十分乐观。

拥有一位营养师朋友，会改变你的饮食习惯，作息习惯。当你的身体状态好起来，心态自然也会变得积极。

瑜伽教练

随着工作量越来越大，很多职场MM都会感觉自己的颈椎状况每况愈下。如果去医院做理疗的话，费用又很高。其实，这种状况很好改善，如果你能认识一个瑜伽教练的话。瑜伽不仅是门运动，它还会让你的饮食习惯变得好起来。很多在瑜伽中认为的“惰性食物”，都会渐渐远离你的餐单。

在都市快节奏的生活下，能够保持一种原生态的生活，很多恼人的疾病自然会跟你Say Goodbye。

律师

千万不要以为打官司这种事情只存在于电视剧和电影里。现实生活中，保不准什么时候就会遇见不公平的事。假如你身边有一位做律师的朋友，他就会教你如何用法律维护自己的权益，也会让你从法盲提升为法律达人。

电脑高手

最抓狂的事，莫过于你辛苦做了一个晚上的策划方案，就在马上要收尾的时候，电脑忽然蓝屏了！通常遇见这种情况，你只能默默无语两行泪，耳边响起Boss的骂声。

这时候，如果你有一个电脑高手朋友，他会火速冲到你家里，不仅帮你挽救你的电脑，同时还能挽救你那颗因为过度刺激而险些崩溃的心。不得不承认，男性对于电子产品的确有着与生俱来的天赋，如果你从事的工作离不开电脑，就赶快想办法结交一位“电脑达人”吧！

摄影师

去影楼拍照很贵有没有！后期选片很坑人有没有！杂七杂八都要花钱有没有！出个外景还要加钱有没有！

如果你能有位摄影师朋友，生日纪念照片，全家福照片，结婚照，结婚几周年纪念照，小 Baby 满月照等等，一系列照片都有着落了有没有！

专业的摄影师都会后期制作，PS 神功不是盖的。想要样册的姐妹，可以花几百块到专业的加工室做加工，何必把银子葬送在毫无创意的影楼里呢。

网店店主

阿宝很喜欢在网上淘东西，令人发指到牙刷都恨不得在网上买。后来阿宝的好朋友袖子在网上开了一家淘宝店，卖些护肤品之类的小玩意，阿宝的护肤品几乎全都在袖子那里解决了。袖子会给阿宝最低折扣，全年算下来，至少省了几千块呢。

后来阿宝淘着淘着就有了兴趣，想要自己也开个淘宝店。袖子不仅教会了阿宝卖家该如何后台操作，还积极地帮阿宝找货源，姐妹两个还会彼此介绍朋友来各自的店里消费。

美容顾问

如果你有一个精通护肤的美容顾问闺蜜的话，你就不会在脸上长痘痘的时候做那种将痘痘挤破的蠢事，更不会认为酒精有杀菌效果就往脸上疯狂地拍。美容顾问会帮助你更好地保护你的皮肤，既节省了你的荷包，又会让你变得更漂亮。

心理咨询师

现在这年头，每个人多少都会有点心理问题。如果你有一个做心理咨询师的朋友，你就不会在遇见小小问题的时候只会坐在家里以泪洗面。他会帮助你解决你的心理问题。

因为是朋友，你也不会羞于倾诉，要知道，只有你真正做到敞开心扉，他才能给你最准确的解决方案。

四、记住别人的名字，让人更觉亲切

曾经看过的一部电影中的情节：一个刚刚毕业的大学生很不起眼，到新公司上班的第一天，前辈们都很拽，没有人把他放在眼里。可是第二天所有人对他都改变了印象，因为他在早上第一个来到办公室，每进来一个同事，他都能准确地叫出对方的名字并且问好。

戴尔·卡耐基说："一种既简单又最重要的获取好感的方法，就是牢记别人的姓名。"如果我们能够在短时间内记住一个人的姓名，对方很容易就会有一种被尊重的感觉。这是最快速获得别人好感的办法。

大部分女人都会对那些事业有成、位高权重的人格外留意，她们认为只要在这些人面前表现好，记住他们的名字就可以了。

小慧却有截然不同的看法。从她大学毕业进入到这个公司起，一直到七年后成为部门经理，公司上到老总，下到送水工的名字，她都清楚地记得。小慧认为，虽然大家所处的位置不同，社会地位不同，分工不同，但每个人都是平等的。

有些亲会觉得记住周围人的名字是件困难的事。尤其刚到一个新环境，面对的事情那么多，又怎么可能面面俱到，记住每个人的姓名呢？

其实，记名字也是有技巧的，这并不需要记忆力多么好，只要你掌握下面几点，就可以成为一个让人倍感亲切的记名达人。

很多人的名字都会相近，比如李明，就可以让人联想到黎明。如果对方的名字有这种相似点，你就可以凭借这个方法迅速地记住他的名字。我在刚刚接触一个人时，往往会将自己的电话递给他，让他自己输入姓名和号码，这也是一种强化自己记住对方名字的办法。当你想不起某个人的姓名时，可以看一下手机通讯录，这样就可以对号入座了。

当你询问对方的姓名时，不妨先赞美下他的名字很好听，然后以好奇的口吻问对方名字有什么寓意。在你知道寓意之后，脑海中自然会加深对这个名字的印象。

在本子上记录对方的名字，包括对方的外貌特征。比如小M黑色长发，戴眼镜，体重大概在一百斤左右。一段时间下来，你就会发现叫出他们的名字是件非常轻松的事了。

五、学会和大人物交朋友

相信我，我理解你们的自卑感——那种面对别人巨大光环的时刻，会认为自己一无是处，非常渺小的感觉。

我曾经一度被这种自卑感困扰着，每当看到那些我想要去结交的人时，都会立刻冒出一种“我不配”的念头。久而久之，我一次次错过了和那些大人物打交道的机会。怕自己没有昂贵礼服，而不敢去参加商业沙龙。担心自己不够优秀，没有勇气出现在成功人士的酒会上。

直到二十七岁之后，我才真正克服了困扰我多年的自卑感，开始学会和各行各业出色的大人物打交道。当我真正去和这个群体接触的时候，我惊讶地发现，他们并没有想象的那么不好交流。相反的，越是成功的人身上就越是具备一种亲切谦和的气质。

我的闺蜜朵朵是这个章节我要跟大家分享的一个成功范本。朵朵在二十一岁的时候就经常和大人物打交道，当我们在校园里因为某科考试没过而感到烦恼的时候，朵朵也许正在某个企业交流会上跟本市的巨富们侃侃而谈呢。千万不要认为朵朵因为出身名门，所以才会有这样近距离接触大人物的机会。实际上，这一切的机会都是她自己争取来的。

二十一岁的时候，我们都大三，我的第一份实习工作是报社记者，而朵朵却把目光放在了企业家活动中心。当时的我一腔热血，认为自己的工作很体面，还偷偷嘲笑过朵朵胸无大志。其实当时的我连企业家的具体含义都不知道。

朵朵在实习期间，结识了很多本市的知名企业家。从他们身上朵朵发现，这些企业家都非常谦虚，他们往往更关注如何对社会做出贡献，而不是一单生意究竟可以赚多少钱。拥有这样胸怀的人，令当时的她十分敬佩。虽然只是一个没有毕业的学生，但是朵朵却一点都不怯场，跟他们交流的时候，也非常从容。

渐渐地，朵朵从这些企业家身上吸收到了很多在校园里学不到的东西。她坚定了自己前进的方向，那就是毕业之后要进军企业，将来也要有一番作为。几年后，朵朵果然成为了一家企业的高管，积累了一定的管理经验之后，就在去年，朵朵创办了属于自己的公司。

如果朵朵没有结识这些大人物，她根本不会有想要在企业中做管理的想法，没有在企业中的积累，朵朵也不可能在有了自己的公司后，做得顺风顺水。

国外有个著名的作家，现在他的书只要一出版就会被抢购一空。可他在成名前，填饱肚子都很成问题。没有人欣赏他的才华，投稿数次到出版社，稿件都石沉大海。就在他要放弃自己的文学梦想时，他得知近期有个作家派对，到时候很多知名出版商都会出现在派对上。于是，他花光了自己的全部积蓄——十美元，贿赂了那个看门的保安。就在这个派对上，他结识了改变自己一生命运的出版商。很快，他的作品问世了，他成了颇受追捧的畅销书作家。

放下你的自卑，打开你的视界，多去结识那些对你未来有帮助的大人物吧。对于正在努力的亲们来说，这些大人物就像是充满智慧的老者，在他们的身上你会学到那些课本里不曾教过的本领。

当你的视界打开了，不再局限在自己的小空间里，你会发现自己在人生路上距离成功更加近了。

六、没人脉的女人走楼梯，有人脉的女人坐电梯

想象一下吧，电影里那些孤苦无依的女人，是不是都这么生活的：蜷缩在单身公寓里，房间乱成一片，厨房里堆满没洗的碗盘，电脑亮着，电视也亮着，却还是感觉很孤独。没有爱情，深夜里做噩梦醒来没有人在旁边可以依靠。没有社交，想不起最近一次去PUB到底是什么时候。最大的爱好就是躲在电脑屏幕前看那些把日子过得很好的“妖精们”的微博，一面看一面还会阴暗地想，脸型这么完美，肯定是整过的！

亲，看到了吗，这就是典型的“干物女”。对于一个正常的女性来说，“干物女”最恐怖的特质并不是宅，而是——零社交。在现在这个时代，零社交等于什么？

就等于你从现代穿越回古代，或者是从古代穿越来现代，举目无亲有没有！在别的女人都疯狂社交，不停结交人脉，生怕被社会淘汰的时候，你却坐在家里感叹为什么自己的人生如此无趣，如此失败。这种局面好似别的女人都坐电梯，而你却累死累活地从一楼爬到二十楼。

在前面的章节中，我也强调了圈子和人脉的重要性。人脉已然成了人生中的大事件，一个没有人脉的女人就像打游戏机的时候总能很快看到GAME OVER。这实在是一件很恐怖的事情对不对？

而如何拥有自己的人脉，也是众姐妹关心的问题。我们都很反感刚一见面就装作很熟络地说好话、套关系，这种初级攻略早已经OUT了。

实际上，积累人脉也是有技巧的，就好像我们在银行中零存整取一样，只有随着时间日积月累，我们的人脉才会越来越多。所以，在积累人脉这件事上不宜操之过急，你只需要按时“储蓄”就好。

慧茹在一家广告公司做市场营销，她平时的工作主要是见客户，并跟他们建立良好的关系。慧茹在刚刚入职的时候，对这份工作很不适应。虽然会见客户的“福利”很好，经常可以坐在星巴克里喝咖啡，也可以去很高档的餐厅吃饭，这部分开销公司都会报销。可是，慧茹和这些客户之前并没有打过交道，刚一见面就要去“讨好”他们，就连慧茹自己都觉得说的话好假。几个月下来，慧茹也没有为公司创造什么效益，她一度感觉很沮丧。后来，老总的几句话点醒了她：跟客户交往，其实很简单，如果你能把他们当成自己的朋友，像对待朋友一样对待客户，往往就会达到我们想要的效果。

慧茹仔细思考了一下，是啊，我们在面对朋友的时候，不会虚伪地说那些客套话，也不会假惺惺地称赞对方。我们也压根不会去那些华而不实的场所消费，可能更乐意送对方一些小礼物，分享一些好吃的食物。

想清楚了这些之后，慧茹调整战略，开始真心地把客户当成自己的朋友来对待。A小姐无意中说自己爱好收藏香水，慧茹就买了CHANEL的“邂逅”送给她。B先生说最近在找一本书，大陆没有发行，只有台湾有售。慧茹回到家之后，便立刻在网上预订。送给B先生的时候，对方一脸惊讶。之后慧茹和B先生成了关系很好的朋友，直到慧茹离开那家公司，B先生也一直没有跟她断了联系。就是这样，慧茹通过自己的真诚，一点点地积累了属于自己的人脉。后来，慧茹跳槽去了另一个公司，这些客户依然支持着她。

所以，我们在攒人脉的时候，一定要展示出自己真诚的一面。下面再透露八个攒人脉的小招数，它们会让你迅速变身人脉达人！

别光扯感情

很多亲在积累人脉的时候都想打感情牌，可是却忽略了最重要的一点，那就是你要拿出真本事才能拴得住对方。无论是在职场还是针对感情，这句话同样受用。有时间多沉淀下自己吧，是钻石怎么都会发光的。在跟对方建立良好互动的同时，也要注意完善自己，尤其是基本功，绝对不能丢。

切勿投机

积累人脉要一步一个脚印，千万别耍小聪明。要知道，你与之打交道的人，肯定比你更有社会阅历，他们往往有一双火眼金睛，瞬间就能看透你的小把戏。真诚，是积累人脉的前提。

认出大Boss

很多MM会认为积累人脉只要大面积撒网就好了，其实这种乱撒网的方式不仅会分散掉很多精力，也会无形中浪费很多经费。这就好像我们想要做一件事的时候，如果明确了做事方式，就会省很多力气。找准你想要结交的人脉，再去攻克，这样才是聪明女人的聪明做法。

让自己在本行业出名

与其拼命地拉拢人脉，不如花些时间建立自己在本行业的知名度。这种知名度无疑是对自己最好的宣传，有了名气，自然不愁没有人脉找上门。

一定要有问候短信

你也许会觉得过年过节的时候发那种群发短信老土得要死，我也并不觉得这种做法多有创意。但在过年过节的时候编辑自己的原创短信发给人脉们，却是容易脱颖而出的做法。想想看，大家都在发那种无聊信息，这时候忽然收到一条与众不同的，绝对能够加深对方对你的好感。

存在对方心里

提升你的人脉资本，和你每个月雷打不动地往银行小金库里存钱其实是一个道理。银行里的钱存得越久越多，你能得到的利息就越多。同你身边的人保持良好的关系，就是在建立属于你自己的人脉存折，只不过你的“存款”是存在了朋友、同事或者客户的心里。

别做木头人

很多MM为了拓展人脉而跑去社交，但是在聚会上不是胡吃海喝，就是坐在那里一言不发，要不就是摆弄手机玩QQ。这样又怎么能够真正达到结识人脉的目的呢？

这种结识人脉的方式，实际上只是做样子，而没有真的进入角色。其实我们每个人来到世间，都是一个“角色体验者”，我们一生会扮演很多不同的角色。想象自己是个超棒的演员，你应该如何在一个小时内和想要结交的人变得熟络起来?

更追求质量

追求数量可不是明智之举，一个大人物也许会比十个小人物更能帮上你的忙。所以，在找准你想要结交的人脉之后，有针对性地投资你的情感，往往会达到更好的效果。

第六章

HOLD住头脑，
必须拥有的金钱意识和理财观念

一、有钱的女人才美丽

我注意到一个很有趣的现象，70后的女性在年轻时往往对金钱没有概念，她们崇尚爱情，认为爱情至上，甚至，爱情和金钱不应该并存。仿佛当着伴侣的面谈钱是一件特别丢脸的事情。往往在婚后，她们才真正发现钱是多么有用的东西。所以，70后的爱情观通常很简单，只要爱情，不要面包。

80后比70后要稍微实际些，这代女性基本上是独生子女，毕业后大部分都会选择去大城市发展。见过钱带来的很多好处之后，她们内心会很喜欢钱，但表面上羞于承认。尤其在谈婚论嫁的时候，容易“高不成低不就”，一方面想要坚持纯真的爱情观，一方面又无法抗拒现实生活中对于物质的渴求。不过大部分80后女性还是会被社会认为“很现实”，不然《裸婚时代》中的童佳倩也不会被大家熟知。不可否认，童佳倩在当下的社会中的确是个异类。

我们再来看90后。我接触过很多90后的女孩，她们个性坦率、直接，丝毫不会掩饰自己对金钱的渴望。她们往往家境尚可，从小就在很好的物质条件下成长，知道有钱是一件多么美好的事。现在的年轻女性拼牌子也拼得很厉害，恨不得买个拖鞋也要无印良品的。所以大部分90后女孩在谈起钱这个话题的时候，都会很坦然地说希望自己将来能够嫁个有钱人，或者自己成为有钱人。

所以，我认为90后的女孩往往会更容易拥有她们想要的物质生活。因为她们目的明确，并且对金钱的欲望较大。吸引力法则告诉我们，如果你想要一件事物，你心里就要真正地爱上它，这样它才会被你吸引过来。

姐妹们，从现在起就清醒吧，喜欢钱并不是一件多么丢脸的事情。而且，它跟你所坚持的纯真的爱情观并不发生任何冲突。只有拥有财富，你才能拥有更加美好的生活。尤其对于一个女人来说，我们青春的保质期非常短暂，我们留不住青春，更留不住时间，但是如果我们拥有钱，就可以运用它让自己的青春更加持久。

我知道，承认自己喜欢钱往往会被当成世俗的女人。在我二十岁左右的时候，我跟当时的男朋友因为价值观有着严重不同而分道扬镳。我想他一定把我当成可怕的“吸钱鬼”了，而我不过是想要跟他表达钱对于我们的重要性。他却跟我强调，在这个世界上钱并不重要，做很多事情都是凭借自己的内心，即使不花钱也可以让对方感受到心意，比如一条问候短信。我仍然跟他强调，一条问候短信需要支付一角钱的费用。我们就在几次分歧之后不和平地分手了。

我想表达的是，千万不要因为身边的人，或是交往对象而轻易改变你内心中真正想要的、美好的物质生活。埃里森说：“男人没钱以及没赚钱的办法时才痛恨女人物质。有潜力的男人，恨不得所有的女人都物质。”有时候，看着周围的人和事，会为这样的场景非常痛心。不过是想要拥有更好的生活，却常常被人指责，好像做了多么十恶不赦的事。

作为一个女人，我们都想让自己美丽一点，过得好一点，都喜欢漂亮的小东西，也想拥有奢侈品。可是有多少女人在自己正青春时把时光蹉跎过去，被“真正的爱情不需要物质支撑”或“掺杂物质的感情太庸俗了”这样的想法和说辞蒙上了双眼。亲爱的，假如你身边正有一个这样的男人，一味要你不去贪图美好，把“美好的事物”说成是物质的表现的话，别再拿自己的青春赌明天了。一个拒绝让你拥有美好，不打算带给你更多美好的男人，能有多爱你呢？没有人可以对你的独立生活指手画脚，哪怕他是你的伴侣。范冰冰在一次采访中被问到想不想嫁入豪门，她从容淡定地回答：“我不需要嫁豪门，我就是豪门。”

有钱的女人往往才会更美丽，更有气场，因为她会有一种物质上的安全感。不要以为只有那些漂亮的女人，那些在荧幕上闪闪发光的女人，她们才可以理所当然地过这种生活，而你只能穿着家居服，连护发素都舍不得买，躲在电脑前看着别人拥有美丽。同为女人，你也可以，只要你勤奋一些，不要再为自己的贫穷找任何借口。相信我，只有你主动敞开怀抱去迎接“钱”，它才会真正地喜欢上你。

改变自己的生活方式，努力赚钱，用更积极的态度面对人生。改变你的思维模式，坦然承认对于钱的喜好，你会发现成为有钱的女人之后，你的生活会变得更加精彩。

二、会花钱的女人才会赚钱

有些传统的家庭主妇，恨不得把一块钱掰成两半来花，她们认为这样就会多积攒下一些财富。可事实的情况是，她们总过着紧紧巴巴的日子，即使已经很节省了，连护手霜都不买，局面也没有好转一点。这究竟是什么原因呢？

很多女性对于理财都没有概念，她们会认为理财就是努力地节省钱，尽量少花钱。这种观念本身就是错误的，一个女人只有能赚钱，会花钱，才能更好地控制钱。假设一个月你有三千元的收入，去掉基本的生活开销，再去掉房租水电煤气网费，就算你很努力节省，一年下来又能节省下多少呢。

细心的你一定会发现，那些平时总是很善于经营自己，经常买护肤品宠爱自己的女人，往往是越花钱越有钱。千万不要以为她们只是嫁了个好老公，或者自己有份好工作罢了。实际上，她们只是掌握了“钱”的秘密：越是会花钱，享受物质带给自己的美好感受，就越会有动力积极赚钱，这是个非常棒的良性循环。

还有一种女人，虽然赚得很多，但是却不会“花”，经常把钱花到一些莫名其妙的地方。我们常常会听到一些年轻女性抱怨：都不知道买了什么这个月就花了八千多。就职在外企的小木常常感觉自己的经济状况一团糟，她的月薪税后八千，在这个二线城市里，完全可以过得很好。但是她却常常感觉入不敷出，不仅月月光，信用卡还欠了两万多块。最让小木崩溃的是，别的同事都拥有名牌包，可是她最贵的包才七百多，虽然喜欢买些护肤品，但花钱的速度也不至于快成这样啊。

原来，小木的一帮姐妹淘很喜欢泡吧，在姐妹淘中，小木赚得最多，条件最好，白羊座的她又天性冲动，尤其是喝了几杯酒，就更愿意扮演“买单达人”。别的同事上班都坐地铁，小木因为贪睡起得晚，怕迟到只好打车，每个月算下来打车费也是一笔不小的开销。小木的钱无形中都贡献给了姐妹淘和出租车司机。有时候，她觉得自己的薪水足够供房了，可是工作五年却连一分钱存款都没有。

小木就是典型的不会“花”，就算让她工资翻倍，她的经济状况也不会有所改观。真正的会花钱，是把钱花在自己真正想要的生活上。

很多在减肥中的姐妹都会有所感触，如果自己很想吃一种食物，因为担心卡路里而选择其他食物代替的话，你会发现即使吃了别的食物，你的大脑仍然不会觉得满足。这就跟花钱一样，如果你想要一个香奈儿的唇膏，千万不要因为价格偏贵而选择一支平价唇膏。只有真正给自己最想要的那一个，你的内心才会得到满足。

所以，真正会花钱的概念就是在满足自己需要的同时，绝对不浪费一分钱在自己并不想要消费的事物上。

很多姐妹都喜欢网购，但有一个消费调查显示，男人网购的比例逐年上涨，甚至近两年有超过女性的趋势。从调查结果可以看出，男人在网购上往往更理智，他们总是能准确地选择出自己需要的物品是什么。在消费上，男人会比女人更加理性。

假如我们能够学习男性的购物思维，尽量杜绝那些我们其实并不是很想要的消费，久而久之，也会成为一个能赚会花的女人。有些女人非常擅长花钱，也非常会赚钱。她们不仅能够在一堆打折商品中寻找出适合自己的单品，也能够在瞬息万变的商机中寻找到赚钱的机会。想要赚更多的钱，就先让自己学会做一个会花钱的女人吧！

三、钱不能代替爱情，爱情也不能代替钱

诚实地问问自己内心真实的想法，如果有一个男人很有钱，愿意给你买三克拉钻戒，给你豪华婚礼，婚后你什么都不需要做，过轻松舒适的阔太太生活就好。但是——这个男人不爱你，长得其貌不扬，他工作很忙，很少回家。他看中的不过是你的美貌，认为娶了你是一件很有面子的事。这样的男人，你愿意嫁吗？

你先不用急着回答我，再来看看另一个版本。你很爱一个人，他又帅又爱干净，对你非常好，他爱生活也爱艺术，几乎没什么应酬，下了班回家，除了做饭给你吃就是陪你看你喜欢的电视剧。但是——他很穷，他月薪不到你的三分之一，如果谈婚论嫁，他甚至不能给你买一个戒指，婚后的大部分开销，也都要你支付。跟着他过日子，你这辈子可能都不会轻松。这样的男人，你愿意嫁吗？

相亲节目《非诚勿扰》中，也有女嘉宾语出惊人：宁愿坐在宝马里哭，也不愿意坐在自行车上笑。如今快节奏、高消费的生活会让很多女性压力倍增，在爱情和面包之间，果断选择面包。可是无论我们最终选择的是爱情还是面包，内心中总会觉得缺了点什么。

当一个人拥有了好的物质生活之后，就会更在意精神层次的追求。

不可否认，恋爱的滋味十分甜美，如果在我们的生命中缺失了爱情的部分，那简直是不可想象的遗憾。可同样的，我们也不能没有钱，钱可以解决我们的生存问题，会让我们在社会中变得更有地位，更有存在感。

钱不能代替爱情，同样的，爱情也不能代替钱。当两者发生冲突的时候，很多女人会选择前者。

越来越多的故事告诉我们，为了现实抛弃爱情，早已经不是什么新鲜事了。周围也时常会有这样的情况发生：男人和女人相恋几年，谈婚论嫁的时候却因为钱而分道扬镳。女方嫌男方家里太穷，男方怪女方家里太现实。为了钱吵得不可开交，大打出手的例子也不在少数。

选择版本一的女人，婚后未必会得到自己想象中的幸福。的确衣食无忧，但从此便摆脱不了受制于人的阴影。你好似一件商品，在他需要的时候，才会陪他出席各种酒会，用于“展销”。而在寒冷的夜里你渴望能够有一个人拥你入怀的场景总是落空。你虽然有很多漂亮的衣服，但大部分时间你只能穿给自己看，或者在阔太太的聚会上强颜欢笑，假装自己真的过得很好。好不好只有你自己知道，幸福这件事也不过是如人饮水，冷暖自知。

当你发现自己越来越多的时间里都在顾影自怜，当你发现自己是无比想念恋爱时的那个对你呵护备至的人时，你会不会后悔自己所做的这个选择？

选择版本二的女人，你可能只是一时头脑发热，也的确高估了自己面对生活的抗压能力。当生活的种种困难摆在眼前，压得你喘不过气的时候，你的内心中肯定会对眼前的人生出很多抱怨，抱怨他为什么这么不上进，抱怨自己当初明明可以有更好的选择。面对未来，你似乎看不到什么希望。你发现身边的闺蜜嫁得很好，婚礼十分豪华。去参加她的婚礼时，你感到局促不安，你感觉自己身在这个场景中，如此地不自然，跟环境也如此不搭。

你开始意识到原来自己也很喜欢那些闪闪发光的钻戒，也很期待有一场完美的婚礼。你羡慕闺蜜可以去马尔代夫旅行，而自己结婚三年都没有去过别的城市，对，就连去周边城市旅行的机会也没有。

无论选择哪一个版本，都会有它缺憾的一面。因为，我们的人生并不是完美的，我们也没有那样的幸运，能够遇见偶像剧中既有钱又对你呵护备至的版本三。在现实中，版本三的确存在，但是这样的男人条件好眼光自然也会很高，我们又如何保证自己能够成功“入选”呢？

但是，我们的人生中不仅只有这两个版本，还有一个版本是：做一个独立自主的女人，不因为钱而盲目选择一个并不爱自己的男人，也不要因为爱情而选择无私奉献。

对于钱，我们要有理智的头脑，对于爱情，我们同样可以选择去Hold住它，而不是被它Hold住。如果你具备了这种能力，你会发现鱼与熊掌可以兼得。

·私密手册·

嫁“穷男人”之前，你必须明白的几件事

可以共同奋斗，但他不能理直气壮地要求你一起吃苦

那些有责任心、有担当的男人，在不具备基本的物质条件时，是不会考虑结婚的，相反他们可能选择主动退出。因为站在你的角度，他们知道女孩的青春太宝贵。所以当一个男人真诚地说他配不上你，请相信他。你可以让他走，也可以等在他身边，因为他值得。

而那些理直气壮地要求你一起吃苦的男人，他并不是真的爱你，因此也不会为你着想，从不考虑你娇弱的身躯能否扛得起生活的重担，只关心自己的生活有没有人照顾，能不能把你留在身边。

我们不是不能吃苦，但要看他的态度。

可以一起付出，但不能为了他所谓的梦想牺牲自己

一位聪明的女人说过，英雄是用来意淫的。千万不要渴望嫁给英雄，除非你很想当遗孀。生活中至少有百分之四十的男人是梦想家，他想创业，成为第二个马化腾。一个男人应该有梦想，我们也欣赏有梦想的人，但如果他的梦想不切实际，且要搭上你的前途和幸福，劝你三思而后行。

《非诚勿扰》上曾有一个男嘉宾，酷爱做生意，据说资产也丰厚。可就是这样的男人，对女嘉宾最大的担心竟是“能否收留失败的我”。所以，当一个男人的英雄梦膨胀起来，他根本没有精力顾及你，又何谈爱？

可以同甘共苦，但自暴自弃拖累你的男人不能要

爱情中也有斯德哥尔摩现象，说白了就是自虐。

有些女人是主动自虐，在她们看来，爱一个人就要拯救他，所以她们总是选择有缺陷的男人来爱，以此满足自己的变态心理。但也有一些女人是被动自虐，这是一群极单纯、善良的女孩，看童话故事都会落泪，一旦她们遇上颓废男、心理变态男，就被对方吃定了。

男人在年轻时偶尔会消极丧志，比如高考失意啊，追女被拒啊，但一个心智正常的男人，绝不会在步入社会后，还终日沉迷在游戏和白日梦里。如果他这样做了，请在第一时间离开他。破罐子破摔的男人比禽兽还可怕，他不但给不了你幸福，还会硬生生地把你从一个乐观、正常的人拖累成变态。

归根到底，我们嫁的不是钱，而是人。物质的贫穷不能证明什么，精神是否富有，才能决定你的幸福。财富的积累都要经历从无到有的过程，选择一个有责任感、有上进心的男人，比选择一个现在很有钱的男人更靠谱。

不牵扯物质的爱情，一定是纯洁的，但有了物质基础的爱情，一定更持久和稳定。浪漫固然美好，感觉诚然奇妙，可我们要牢记的是：爱情不是全部，生活才是全部。

四、月光？你OUT了！

还觉得做月光公主是件很潮的事吗？

NO，你OUT了！月光在某种程度上，就像你开着一部没有油的车行驶在高速公路上，这场面要多糟糕有多糟糕。要知道，我们的人生过得好与坏，一部分取决于我们的心态，另一部分就取决于我们是否会合理地安排有限的金钱。

我一直都觉得，一个好女人一定要是一个很好的金钱管理者。如果一个女人连自己的荷包都控制不住，又何以掌控自己的人生呢。

现在的80后女性，往往会被认为是没有责任感的一代，因为在高消费、薪水低的大环境下，越来越多的姐妹会迫于压力选择啃老，即使这样仍然会感觉钱不够花。其实很多MM并不是赚得少，而是因为需求太多。冰淇淋一定要哈根达斯，喝咖啡一定要星巴克，看书喜欢纸质感，买衣服也习惯去商场，做头发一定要去高档的造型店，修一次指甲就得一百多块。在这种消费习惯下，想不月光也难。

其实，我们完全可以换一种生活方式改变自己的月光局面。当我们的大脑很倾心一件物品的时候，往往这种兴奋感只会持续十秒钟，过了十秒钟之后，我们会发现自己并不是非买不可。

想象一下，如果你想要买一条红色的连衣裙，买一件和买十件同样的裙子，令你达到的满足感是不是相同的？没错，实际上无论选择什么，我们需要的不过是一种满足感而已。就像吃一块味道很好的蛋糕，吃第一块的时候往往很享受，但如果连续吃掉三四块，你肯定不会再觉得这蛋糕有多美味。假如我们能把这种满足感平均地分配在生活中，月光的局面就会得到控制。

如果你能把薪水的五分之一存入银行作为定期储蓄，到了年底的时候，你就不会再为没有钱为父母、朋友购买礼物而烦恼。如果你能积极地改变自己的消费习惯，比如尝试改掉喝咖啡这种没有营养价值的饮料的习惯，而自己动手榨一些有营养的果汁喝。你完全不需要常常光顾高档的造型店，花几十块就能买到质量超好的卷发棒，网上也有很多美发教程，只要跟着学习几次，很快你就会成为很厉害的造型达人。很多知名的明星跟模特，平时也都是自己在家里护肤，做头发。她们并没有因为自己赚得多而盲目消费。要知道，只有自己才最懂得自己究竟适合什么。

很多消费观念都是商家为了促进消费的手段，你必须要有更清晰的认知，对于生活，对于时尚，都不要盲从。千万不要因为流行什么而去选择什么，那些看起来很流行的单品往往都撑不到第二年，穿几次就必须淘汰掉的衣服，无疑是一种浪费。

所以，如何摆脱“月光公主”的身份，成为完美的“省钱达人”，则是这个章节我们要一起努力的方向，有几个小办法，能够让你的局面得到逆转，赶快来看一下吧！

学会记账

你也许不愿意去各种记账网上记录账目，没关系，你可以在电脑里建立一个文档，或者选择记录在QQ空间的私密日记里。通过记账你可以在最短的时间内了解自己的消费状况，分辨出哪些钱是不必要的开销，而哪些则是必要的开销。

把想要的物品价格写清楚

不管你近期想要什么，你都需要把它们明确地写在纸上。只有把你想要的物品写出来，你才能够感受出它们是否真正是你想要的。

网购前先收藏两天试试看

先把你认为喜欢的物品放在收藏夹里，不要着急付款，两天后你会发现有很多物品你根本不想要了。喜欢网购的姐妹们一定要理性购物，不要因为网上买东西便宜就多买。

自己动手，丰衣足食

提到做饭，很多MM都会立刻联想到恼人的油烟味，还有饭后需要清洗的碗筷。千万不要认为做饭是一件很复杂的事，当你将自己置身在DIY的乐趣中时，你会发现你不仅不用再忍受又贵又不好吃的外卖，又做到了节省银两。可以从比较初级的食物做起，比如三明治、蛋炒饭等。

远离信用卡

刷信用卡会让我们有一种错觉，感觉像是在花别人的钱……醒醒吧各位，下个月总要还的好不好？刷信用卡会让我们产生很多不必要的消费，这种消费方式会导致你永远“负资产”。如果你已经习惯了信用卡消费，并且有几张卡的话，相信我，尽量快些把它们还清，只保留一张卡吧。

AA制

不要觉得AA制是件很丢脸的事，实际上这种消费方式既省钱又令人感觉放松。一开始讲明AA制的话，你就能够合理地计划一个月要跟自己的姐妹淘聚会几次，而不用紧张每次聚会后都要自己埋单。

五、合理控制购买欲，少花一元钱比多挣一元钱要容易得多

有期《非常静距离》里来的嘉宾是马伊琍。李静问她的消费观，马伊琍说，她真的很舍不得去买贵的东西，因为钱都是自己赚的，她也知道这些钱赚得有多累多辛苦。

有着高收入的明星尚且如此，而作为平凡人的我们，就更要学会节约我们辛苦赚来的每一分钱。

琪琪是个省钱达人，去提款机取钱的时候，绝对不会给机器收“保护费”的机会，她宁愿多走一站地。对此，朋友总是嘲笑她太抠门。琪琪却有自己的理财言论：如果每次她都能节省两块钱，一年下来至少要省几百块，这么算下来，三十年省下来的钱她就可以买一个你们想都不敢想的名牌包。她不仅是省钱，更是选择一种生活方式。

跟很多年轻人一样，琪琪也很喜欢喝饮料，但是每次她都会把喝完的饮料空瓶放在包里带回家，虽然每个月卖瓶子的钱只够买一两瓶饮料，但琪琪仍然以此为傲。她的理论就是能省则省，该花则花。对于自己喜欢的物品，琪琪从来不会吝啬。

琪琪还有一个很好的习惯，她会把每天节省下来的钱，比如本来想要打车但是改坐了公车，打车的费用往返需要四十元，而公车只需要两元。琪琪就会把节省下来的三十八元放进储蓄盒里，这样到了月底往往盒子里会有几百块的节省资金。琪琪会把每个月节省下来的金额做一个详细的记录，然后把这笔节省下来的钱用于购置自己喜欢的物品。这种奖罚分明的理财方式，不仅让琪琪很有成就感，在购物的时候也会格外开心。

实际上，控制自己的购买欲是件非常容易的事。很多亲感觉不好实施，可能是一开始给自己定的目标太大，执行的时候又太苛刻，所以才会导致自己的省钱计划失败。假设你每个月要花两千元购置衣服、护肤品，可以一点点地减少购置金额。比如下个月尝试减少三百或者五百，等自己适应之后再慢慢减少。

控制购买欲也要循序渐进，太激进的方法不仅容易让自己放弃计划，也会容易有厌世感。

小艾是个身材很好的OL，平时上班需要穿工装，上了一天班往往很疲倦，小艾天生又比较喜欢安静，大部分时间都喜欢宅在家里。她购物就像是逆反心理，也好像是为了弥补平时没机会穿漂亮衣服的遗憾。只要一去逛街，小艾就跟疯了一样拼命地买衣服，而且很少去试。很多漂亮衣服挂在橱窗里感觉很好，但穿上身未必好看。小艾总是莫名其妙买了一大堆衣服，回家对着镜子试穿的时候才感到后悔。

小艾痛下决心，要控制自己的购物欲。一开始她只是让自己尽可能地少去逛街，在闺蜜要求陪同逛街的时候，小艾也不再像过去一样“逢逛必到”，因为对于她这种没有自制力的人来说，陪别人逛街的局面往往会变成对方没买到心仪的物品，她倒买了一堆。

以前小艾很喜欢逛小店，经常会买一些毛绒玩具、小抱枕、钥匙链、造型可爱的杯子之类的小东西。小店很容易吸引消费者，因为东西往往价格不贵。女性尤其容易被可爱的东西所吸引。但久而久之，小艾发现这些小物件不仅没有实际用处，放在家里又很占空间。所以从决心改变自己消费观的那一刻起，小艾就尽量不让自己出入小店了。不仅如此，她还在淘宝上开了个二手店，把曾经买的那些不适合自己的衣服转让给了更适合它们的人。

不要觉得节省那些小钱是毫无意义的事，想要做一个“省钱达人”，就要从身边的细节做起。闲暇时候不要老让自己在街头“流浪”，逛街的次数越多，购买物品的几率也就越高。

有很多既省钱又“文艺”的活动都很适合你和你的姐妹淘。一些大书店里都会有咖啡厅，到这种咖啡厅消费的好处就是，通常你可以免费阅读那些书籍，花十块钱买杯热牛奶就可以打发掉一整天的时光。喜欢唱歌的姐妹可以试试唱吧和酷狗K歌，这两个小软件都可以让你在家就能找到KTV的感觉。当然，团购也是既省钱又能享受到原价服务的好办法。

总之，省钱的办法很多，只要你愿意，从现在起就开始控制自己的购物欲望，在节省中同样能够找到乐趣。

六、最奢侈的事情是买了一堆廉价的无用品

很多亲都觉得买奢侈品是超级败家的行为，然而，我觉得买奢侈品的女性并不过分。我周围有很多朋友，虽然很爱买奢侈品，但是她们在别的方面很节省。我所认为的奢侈行为，是有些 MM 总是头脑发热，经常会买一堆貌似很便宜，但毫无用处的用品。

我很喜欢混迹在时尚论坛里，久而久之就会发现有很多MM都爱跟风。有阵子一个韩国护肤品牌在网上卖得很火，很多时尚论坛都在推，今天推荐眼霜明天推荐洗面奶。这个品牌的护肤品十分平价，然而功效却并不像网上所传的那样神奇。

现在网上有很多所谓的网络红人，经常会推荐一些他们认为好用的护肤品。实际上，这只是网络红人和商家之间的强强联合，用网络红人造势，变相的营销方式罢了。这就更需要我们在选择物品的时候，有一双火眼金睛和一个具有辨识能力的大脑。

有些家庭主妇很喜欢去逛夜市和两元店，认为购买这样的物品很省钱。殊不知常常买一些质量很差的东西回家，用了几次就坏掉了。这种“省钱”方式不仅没有真正省下钱，反而是种浪费。我们花钱去购买自己需要的物品时，肯定是希望物有所值，在购买家庭用品时，质量好些用的时间才会久些。便宜并不代表质量差，但是要从便宜货中淘到性价比高的物品，往往需要多花一些耐心。

很多主妇喜欢傍晚的时候去超市，因为这个时间段超市里的很多熟食和水果都在打折，但有些食品的保质期很短，早上做好到了晚上很有可能就变质了，很多食物也没有试吃的机会，很容易就会买到已经过期的。

所以，我的建议是，无论是吃的还是日用品、护肤品，都尽量做到少而精，千万不要贪小便宜吃大亏。

还有很多MM喜欢“控”一样物品，比如有的MM是“眼镜控”，有的MM是“丝袜控”，还有“鞋控”、“帽子控”。有兴趣爱好并不是坏事，然而这种“控生活”会让我们在不知不觉中产生很多不必要的开销。

有阵子我非常迷恋高跟鞋，就连朋友都在我的QQ好友评价中评价我为“穿那么多高跟鞋的大蜈蚣”。他曾开我的玩笑说，只有蜈蚣才需要穿那么多鞋，而你只有两只脚。

起初我并不认为这是个问题，因为那些高跟鞋很多都是网购来的，价格便宜。但在我决定搬家的时候，面对一柜子根本没穿过几次的高跟鞋，我第一次感受到了“鞋控”的压力。

我常常羡慕那种旅行时可以轻装上阵的人们，如果无法让自己的物品变得更加精简，更加有效地管理它们，我将永远无法实现我所期待的生活——精简，节制，有条不紊。

还有，千万不要赶在商场活动的时候去抢“便宜”，打折的时候的确能淘到一些不错的单品，但是，在你还没有成为一个理性的购物达人之前，尽量不要让自己出现在这种人挤人的疯抢Party上。大部分打折的商品都是即将过季的，夏天的时候买冬天穿的羽绒服，或是冬天的时候买夏天穿的连衣裙，看起来的确很便宜很省钱，但是真的到了可以穿的季节时，往往你会发现它们已经不再是你所喜欢的了。

逛街的时候，你最好选择一个人去。跟闺蜜在一起逛街的感觉的确很好，但是当你真正想要买些什么的时候，往往容易听从对方的选择。如果你不想让家里总是堆积一些你根本不需要的物品，最好在逛街的时候做个独行侠。

七、试着去玩基金，总有一天你会成为高手

购物是每个女人的天性，哪个MM不想把商场橱窗里精美的衣服收进衣柜中呢？有时候，简单的物欲得到满足就会让我们的生活变得绚丽多彩，毕竟女人的衣橱里永远少一件衣服。为了变美丽，为了心情好，为了不辜负青春……我们总是血拼到底，不惜战斗到身无分文，也要把自己打造成“月光美少女”。我们又信誓旦旦地宣言不再依靠男人，只有经济独立，才能人格独立。所以我们开始变得犹豫了，购物由我们的爱好变成了恐惧。因为这种短暂的欢愉之后，我们不得不对着高额的信用卡账单发愁。

要想做个漂亮女人，就要先学学做一个聪明的女人，做一个懂得理财的女人。你不理财，财就不会理你。与其每个月都因为钱而烦恼，不如武装我们的头脑，把我们手里的钱放到投资上，就会有意想不到的收获。

提到理财，大多数MM们对此一窍不通。对于理财产品我们也只是听说过期货、股票、基金、保险……听到这些词常常会感觉一头雾水。首先，我为大家简单地分一下类。我们最关心的首先是收益，其次就是风险系数。期货的特点是：高风险，高收益。股票则是：风险较高，收益也较高。而基金是：收益大，风险相对较小。保险：风险小，收益小而且有保障。这些投资产品各有自己的优劣。

但我认为，期货和股票风险太大，而且需要很多专业的知识和对经济学的了解，水比较深，很不适合理财新手。保险则更注重保障性，没有太可观的收入。所以我个人更看好投资基金。

基金在我看来更适合各位MM们投资。因为基金不像股票那样，需要

直接参与买卖，而且要亲自操作，需要很多专业的知识才能够帮助自己掌控最合适的时机。基金最大的好处就是，我们把手里的钱交给专业人士，由他们汇集投资者手中的钱，结合经验知识为我们决策投资，由他们提供集合理财，专业管理。基金管理人拥有大量的专业投资管理者和强大的信息网，能够对证券市场的动态进行及时的跟踪，给出合理的分析。而且为了降低投资风险，“组合投资、分散风险”成为基金的一大特色。

这些专业人士的收入，就是从我们投资的收益中提取的。这种相互关联，相互制约的关系，让我们的钱得到更负责的投资，为我们的利益提供了更有力的保障。基金的投资方式也有很多种，而且不是把钱放到基金管理人手上我们就可以高枕无忧，毕竟基金也是存在风险的。根据具体的情况，要具体分析，所以大家也要擦亮自己的眼睛，投资最适合自己的基金。

下面要说一说我的一位阿姨S，她是我妈妈的同学，每次过节S总会拎着大包小包的礼物来家里做客。

S很干练，眉宇间流露着智慧的气息，她是一个知道自己需要什么，并且懂得如何争取的聪明女人。起初S过得并不好，白手起家开了一家美容院，没有什么经验加上时运不济，不到一年美容院就倒闭了。

无奈之下，S又回到了曾经的公司，回归到了上班族的生活。S并不甘心，每个月几千元的收入，总是入不敷出，她想让自己的生活变得更有品质。好在她是个肯学习的女人，而且朋友也很多，在几次聚会中，无意间她听别人聊到了基金，回家以后S就打开网站开始研究起来。大家口中津津乐道的基金到底是什么样形式的投资？自己有能力和精力去投资基金吗？应该如何决策呢？

渐渐地，S的这些问题找到了答案。她不再抱怨事业的不如意，不再觉得自己不太多的收入没有希望增加，工作之余她看了很多理财方面的书，还找到了公司懂经济学的同事探讨起基金来。每个月S都把固定的一部分收入留作投资的本金。

一年过去了，S从中学习到了很多专业知识，加上以前的积蓄也存下了几万元钱。似乎准备工作都已经做好了，但S心中还是有些顾虑，毕竟曾经也信心满满地开过美容院，也想过多赚些钱，可都没能如愿。想到了投资基金会有专业人士帮助投资者决策，S心里感觉有了一些保障。经过了很多正规的证券公司和银行咨询后，S还是决定把钱投资到了基金中。

从此她在利益和风险的棋局中，通过自己的知识和探索，顺利地过上了自己的理想生活。但是S仍没有放弃曾经的工作，因为她知道利益和风险是并存的，为了安全起见，她的每个投资都很谨慎，绝对不会把所有鸡蛋都放在一个篮子里，投资比较分散，而且现在的工作也为自己提供了最基本的保障。如此，她才会在未来的发展道路上游刃有余。

八、怕风险，就买份保险

人生总是充斥着太多的未知和意外，当下的我们也许根本不会意识到潜在的危险和随时会降临的不幸。我们每天按时起床，上班、下班，到了节假日又如释重负地在聚会和派对上疯狂。我们的人生似乎总是在重复着，好像觉得永远都不会遭遇任何不测，更无法想象意外会降临到自己的身上。

身边，电视上，报纸中，总会有很多悲剧上演，可是我们却很少会觉得那和自己、和身边人有什么关系。如果在不幸到来前早一点警醒，防患于未然，也许就会避免很多悲剧的发生。

所以，我们需要一份保险来抵御这样或那样的万一。居安思危，这并不是我们怯懦，也并不是瞻前顾后，这是我们对自己和家人的一种责任。还记得曾经看过的一段有关保险的话："保险只是今日作明日的准备，生时作死时的准备，父母作儿女的准备，儿女小时作儿女长大的准备。如此而已。今天预备明天，这是真稳健；生时预备死时，这是真豁达；父母预备儿女，这是真慈爱。能做到这三步的人，才能算作是现代人。"

虽然现在保险公司实力参差不齐，营销手段也差强人意，但保险的必要性和其中的道理引人深思。

作为现代女性，我们的思想也应该随时代进步。保险看似是我们付了钱，在一切平安的日子里，我们也看不到保险为自己带来了怎么样的保障。其实这种保障是无形的，就如同雪中送炭，只有在你需要的时候，保险才会发挥它的作用和价值。

其实生命很脆弱，脆弱到美好鲜活的生命可能转瞬间就戛然而止。其实社会很危险，危险到今天很幸福，明天就会无所依靠。其实工作很残酷，残酷到不知道哪一天会把自己压垮。其实女人很辛苦，辛苦到身体都得不到最起码的保障。

据统计，女性妇科重疾发生有年轻化和普遍的趋势，重大疾病发生，医疗费少则十万八万多则二三十万甚至更多。此时光靠社保的一点帮助还是远远不够的，因经济原因得不到及时或更好治疗甚至放弃治疗，让家人因病致贫，父母、孩子和配偶也会蒙受经济上带来的不幸。女人要多爱自己一点，为了生活，为了家人，更为了自己。

Tina婚后的第二年就怀了孕，并且顺利生下了一个健健康康的小宝宝，经常看见她家里客厅挂着的全家福照片，其乐融融。Tina的家庭虽然不算富裕，但家人和睦平安，老公又特别疼她，所以她觉得自己非常幸福。Tina怀孕时候就能感觉到，她老公是个责任心很强的人，白天拼搏工作，晚上回家下厨做饭，照顾Tina，打扫房间，几年如一日地忙里忙外。

Tina感谢上天赐给了她一个这么好的老公。他们从不吵架，就是因为买保险的事情发生过一点小摩擦。Tina和老公平时过得很拮据，一次Tina的老公兴致勃勃地回到家里商量着要给她和孩子买份保险。Tina听了以后不以为然，一边熨衣服一边说："保险呀，都是骗人的。我不用买保险，身体好得很呢，有买保险的钱我们不如给孩子存下来准备上学用……"

Tina老公有些沉不住气了，执意要给她和孩子一人买一份。两个人闹得不太愉快。几天过去了，最终Tina还是答应了老公买保险这件事。

一转眼这两份保险已经连续交了四年的保费，日子依旧风平浪静，平凡中流露着幸福。这四年里Tina一直觉得保险这东西可有可无，可老公仍旧很坚持，她也没有办法，何况保费又不是很大的数目。

秋天的时候，突然接到了Tina要做手术的电话。到了医院，看到Tina和家人围满了屋子，和医生谈论着下个星期的手术事宜。原来Tina不幸得了子宫癌，还好是初期阶段，通过手术放疗和化疗的配合，不会危及生命。

Tina的家人安慰了她很久，可算她能够接受这样的事实了。我打听了一下，手术费加上术后的放疗、化疗费用高达十多万元。还好Tina老公为Tina早早地买了保险，不然这对一般家庭来讲绝对算是沉重的打击。

所以，Tina生病的这件事对我也很有启发，危险、意外、疾病都是潜伏在我们身边的，不要以为我们看不到、摸不着，它们就不会找上门来。怕风险就买一份保险吧，只需要投入少量的资金，一旦我们遭遇不测，保险一定会给我们和家庭提供一个安全的保障。

第七章

HOLD住理智，

有观念，才有信念

一、生活是用来享受的，而不是用来承受的

有段时间我工作很忙，常常加班到深夜，回到家后整个人累得一下都不想动，哪还有做家务的力气。小区里有家政服务，我便通过家政找到一位“家庭帮手”，她帮助我整理房间，自此之后我整个人都感觉轻松了不少。

我的这位“家庭帮手”是一位五十多岁的中年女性，穿着朴素但十分干净，她工作的时候总是慢悠悠，又很有条理性。渐渐熟络起来，我们之间便有了一些交谈的机会。

从她的叙述中我发现，她过得并不是很幸福，甚至，她的人生在很多人眼里会有那么一点儿糟糕。但是，她传达给我的生活态度却是积极乐观的，这种积极乐观体现在微小的细节上。比如，我告诉她可以吃冰箱里的水果，她便会毫不客气地一边感谢我，一边从冰箱中取出西瓜来切好，放在茶几上让我跟她一起分享。再比如，她偶尔会问我借书，我同意之后她的脸上就会露出小孩子般的雀跃表情。我看得出，她是发自内心感觉到幸福的。

后来，我的这位“家庭帮手”因为老家的母亲生病，不得不回家照顾母亲。我的生活又重新陷入了“混乱”中，我按照原来的方法，去物业又找了一位“家庭帮手”，可这一次，我却没有上一次那么幸运。这位“家庭帮手”喜欢在擦地板的时候吸烟，有好几次我都眼见着她为刚擦过的地板“撒上调料”。不仅如此，她总是愁眉苦脸，即使我把自己关在房间里工作，也能听到她从厨房里不停发出的叹气声。

她整个人都传达出一种讯息，那就是她对生活很不满。在闲聊中，我试图改变她对生活的态度。可是她却说：“像你这样光鲜亮丽的小姐，怎

么能体会到我这种人的心情？如果我像你一样住在这么高档的公寓里，还可以请人做家务，我当然也会感觉生活很美好了。”

我给她讲了上一位“家庭帮手”的事情，可是依旧没有打动她，她仍然坚持自己的观点：“你做做我这种工作就知道了，真不晓得有什么事值得开心。”

其实，无论我们身处什么位置，做着什么职业，过怎样的生活，我们开心与否，是否满足，都取决于我们的心态。

很多人即使拥有了很好的物质生活，但是他们却总是担心下个月的贷款，完不成的工作，而忽略了眼前可以享受的事物。有的人虽然物质匮乏，但是却拥有一颗感恩的心，他们会用这颗心感受周围的美好，享受所能享受到的一切。哪怕是吃了一个很甜的水果，看了一本很棒的小说，听了一首很动人的歌，看了一部非常温暖的电影。

这两种截然不同的心态，会让我们拥有截然不同的人生。生活是用来享受的，而不是痛苦地承受。我们周围的每个人，都会有来自不同方面的压力。

我有一个闺蜜就是那种人见人爱型的，她总是那么地乐观。她是一个薪水很高的金领，可是每个月自己只能花掉薪水的五分之一，其他的五分之四都要贴补自己不富裕的家庭。她的妈妈常年卧病在床，父亲也没有收入，妹妹还在上大学，学费和生活费都要靠她提供。

在这种生活重压下，她不仅撑起了自己的家，并且还心存感激：“老天对我真的很好，如果我没有赚钱的能力，我的家人现在该过着怎样的生活？”她从来不会抱怨生活的不公，相反，她很享受赚钱养家的乐趣。

很多人在面临困境的时候，都会怨声载道。可是抱怨并不能解决任何问题，享受着过日子也是过，愁眉苦脸也是过，生活并不会因为你的愁眉苦脸而给你任何好处。既然如此，我们为什么不学会乐观地面对这个世界呢？

我一直都很喜欢一句话：尽管眼下困难重重，但我依旧怀有一个梦。不要被生活中所遇到的那些难题唬住，享受它们，战胜它们，你也可以成为生活中的勇士。

二、不要把婚姻交给命运，更不要把命运交给婚姻

很多女性都表示婚后的物质生活会有所下降，因为开销真的很大，以前单身的时候住在父母家里，虽然很多MM都是“月光公主”，但是最大的开销基本都用来购置衣服、护肤品等。

千万不要认为年轻的时候用钱的地方很多，又要打扮自己，又要跟朋友应酬。结婚后才是真正“用钱”的开始，不仅要给自己的小家购置物品，逢年过节的时候也要给双方的家长买礼物。

现在的80后，绝大多数都已经结婚生子，在这种房价高、消费高，上有老下有小的生活压力下，很多80后MM常常会对自己的婚姻抱有怨言。一部分MM因为经济压力，会很后悔当初为什么没有找一个物质条件比较好的男人结婚。还有一部分则是“嫁鸡随鸡，嫁狗随狗”，即使日子过得并不太好，也颇有一种认命的架势。

女人常常会有一种惯性模式，习惯把自己和婚姻捆绑在一起，也很容易把自己的期望嫁接在另一半的身上。期望越大，失望就越大，因为对方没有达到自己的理想标准，而对生活产生沮丧心理。可是婚姻并不是我们的命运，它也不能够决定我们未来的生活质量，也不要把它当成最终的情感归宿。

如果说恋爱是为了让我们在偌大的世界上不再孤单，那么婚姻就是两个爱情中的人携手面对生活中的每一个难题。在这段关系中，两个人都是平等的。

我们不要去指望借婚姻改变自己的现状，不管你的处境有多糟糕，爱情和婚姻都不应该掺杂太多功利的成分，这种想法会让你失去很多纯真美好的感受。

我见过很多女孩子因为信奉“婚姻是女人的第二次投胎”这种话，而去选择一个自己并不爱，只是物质条件还不错的男人结婚，婚后往往都过得并不幸福。一段没有感情基础的婚姻，会有很多表面化的客套成分。想象一下，每天和你同眠的男人，其实并不是真的爱护你、关心你，在你真正遇见困难的时候也不会伸出援手，这是多么可怕。

亲爱的，婚姻并不是你改变命运的机会，改变命运这件事，我们只能靠自己。即使你在婚姻中并没有收获幸福，也不要沮丧地认定自己的命运就该如此了。

爱情不是生活的全部，同样，婚姻也不是生活的全部。婚姻只是一种我们需要经历的生活状态，但不等于结了婚以后，就要失去自我。一个女人是否幸福，能不能让自己的人生过得精彩，实际上和婚姻的关系并不大。

Apple常常会感觉不幸福，虽然老公也按月给她生活费，也会给她的父母买礼物，但Apple老觉得他只是表面上把所有的事情都做得很好，而他做的这些事，好像一个领导对待下属一样。Apple觉得婚姻了无生趣，在这种生活下，她开始变得很不喜欢打扮，渐渐对周遭的一切都失去了热情。

Apple对待婚姻完全是一副逆来顺受的姿态，从来没有尝试积极主动地改变现状。她觉得自己的另一半对待婚姻很敷衍了事，不够积极。因为对方的态度如此，所以自己也跟对方一样消极懈怠。

细想一下，Apple的做法和老公又有什么区别呢？很多时候，我们去爱一个人或者对一个人好，并不一定要事先看对方是怎么对待我们的。

无论是婚姻还是其他，一切的主动权其实都掌握在我们自己手中，尝试着换一种思维模式，在一段关系中不让自己那么被动。婚姻并不是命运，只要你愿意，你就可以Hold住一切。

三、健康生活，远离劈腿

在《黄了一个多月》（《失恋33天》）中，黄小仙的前男友陆然就是我们今天拿来说事儿的典型，像这种“三人行必遭劈腿”的组合不在少数。

人在江湖漂，防劈要趁早。吃窝边草的老公不可怕，可怕的是再配上一个如你般不懂防劈绝杀的老婆。这种天造地设的一死一个准组合，才是你们漫漫狗血路上的必死关键。独家四大必杀技，倾情放送，各位看官瞧好吧！

绝杀1：击灭伪白兔

杀伤指数：★★★★

每个吃窝边草的老公，几乎都没品地迷恋着同一类型——小清新啊，小白兔啊，越是柔软范儿的女孩越能激发起他们的兽欲。你要做的就是充分让他感受到她虚伪、物质和喜欢把男人当脚踏板的特质。无所谓添油加醋或是你单方面YY，只要你够演技派。

绝杀2：五子棋定律

杀伤指数：待定

别跟我说你没玩过五子棋这么OUT的游戏，两性关系实则就是五子棋，你走得越快他堵得也就越来劲。你要是不想老做围追堵截的那一个，就得学会逆转角色。让他天天想着怎么堵你，还哪有精力花花草草、春色撩人？

绝杀3：杀他个措手不及

杀伤指数：★★★★★

小E发现老公有吃窝边草的迹象，于是在其QQ里打印出长达二十三页的调情记录，又找到了两人一起游玩时拍的照片，在结婚纪念日当天，本着群发邮件人人有份的原则勾选了老公所有朋友和同事。窝边草迅猛消失在两人的生活里，只留下老公下班后灰头土脸地在厨房忙碌的小声音。

绝杀4：翻滚吧小床单

杀伤指数：无上限

如果你是女王Hold住全场，榨干他最后的剩余“精”力，他就是想惦记也力不足啊。当然，你需要一些辅助道具，小护士服，爱情动作片……亲，你都懂的！

四、每个女人都爱过一个混蛋——远离暴力男

我们在情感的道路上或多或少都会遇见低谷，要知道，那种第一次恋爱便修成正果的童话故事往往只存在于偶像剧中。

而美国某报的一项婚恋调查中显示，“暴力男”在恋爱和婚姻中的存活比率居然有百分之十二点八。这个数字不得不让广大女同胞们小心了，仔细阅读下面的章节，看看正在跟你交往的这位好好先生，是否带有“暴力男”因子吧！

这是一个真实的案例，受访对象是二十八岁的外企白领奶茶。奶茶有着所有小白领的特质，高学历，英语六级。然而读书时期将大量精力投入到学习中，工作以后又过于忙碌，所以二十八岁的奶茶至今只谈过一次恋爱。

直到现在，我都无法相信这是真实的。

此刻的我眼周淤青，泪流满面，内心挣扎地坐在电脑前写这封信给你。而就在半个钟头前，我刚刚被一个身高一米八五的壮年男子狠狠暴打。被暴打的理由，仅仅是因为我和送快递上门的快递员多说了几句……

而我已经数不清楚这是我遭遇过的第几次“暴力事件”了。我出生在一个比较富裕的家庭，从小就备受宠爱，父母从来都没动过我一根手指头，在物质上我想要什么家人都会满足我。

可是自从跟明朗在一起后，我的生活一度从天堂跌入地狱。父母看不上他，认为只是一个保安的明朗以后不可能有什么大出息。在父

母的眼中，我有着高学历，现在又有一份非常好的工作，他们认为明朗配不上我，所以几次干预，非让我们分手。起初我想跟明朗在一起的信念也没这么坚决，但是父母越是逼我，我的心便越是朝他靠近。一不做二不休，我索性搬出来和明朗同居了。

我本以为这样就可以跟心爱的人长相厮守下去，可令我没想到的是，明朗有很严重的暴力倾向。

其实，早在我们同居之前，我就知道他喜欢用武力解决问题，和别人发生口角的时候也会动手，但我并没把这些放在心上，反倒觉得他很“爷们”，高高大大的挺有安全感。可没想到，他的“武力解决”不仅针对和他在身型上旗鼓相当的人，还包括在他面前完全不堪一击的我。

拽头发、抽耳光、用脚踢是家常便饭……因为经常挂彩，我总是请假，也不敢回家让父母看见。每次听见不知情的闺蜜夸明朗高大帅气时，我的内心都会一阵苦涩。

我知道这样不是长久之计，我也想过逃离明朗的魔爪，可是每次看到他像个无助的孩子般低头跟我认错的表情和那些悔恨的泪水，我都觉得他不是故意伤害我的，他只是过于紧张我，才会一次次让自己的情绪失控……

无助的我很想知道，我究竟该不该狠心跟他分手，如果分手，我又害怕他会报复我，该怎么办？

从奶茶的案例中我们可以看出，她遭遇恐怖的“安嘉和式”男人了！而且奶茶遇见的这个恐怖男友，比安嘉和的级别还要高。

在这个男人越来越娘，女人都是“纯爷们”的年代里，像明朗这种硬汉型的“直男”会非常受如奶茶般的女孩们欢迎。女孩们都容易产生一种错觉，那就是在外面仗义、英勇的男人会给人安全感，自己和这样的男人在一起，会得到很好的庇护。

实际上，真相却并不一定如此。这种在外面“打打杀杀”的男人，在恋爱中很容易就会成为恐怖暴力分子，因为他们对于自我情绪的控制能力比一般人差很多。

要知道，这世界上根本不存在不吵架的情侣，一旦你们发生在当下不可调和的冲突，你的“暴力男友”就很有可能情绪失控，将矛头指向你，继而大打出手。而这种暴力男的心理究竟是怎么样的？现在就让我们一探究竟——

自卑因子作祟

别看暴力男打起人来都是一副天不怕地不怕的架势，实际上他们是属于非常自卑的族群。看看那些在某一领域非常成功的男性，基本上都是非常平易近人的。这类男性非常绅士，他们会将“服侍女人”视为己任，因为自己顶天立地，所以天生就有保护弱小动物的本能。

事业成功的族群用金钱武装自己，学识丰富的人用知识武装自己，而“暴力男”骨子里很怕被别人看不起，所以必须用“拳头”来武装自己。久而久之，武力便成为他们掩饰自己自卑情绪的首要工具，只要一触碰到他们的敏感地带，便恨不得对你来一番拳打脚踢。

从小的成长环境

我并不赞成“单亲家庭的孩子心理会不健全”这一论调，看一个人从小的成长环境是否健康，跟单亲、双亲并没有太大的联系。假设“暴力男”从小就成长在一个“爸爸打妈妈”的环境中，从小耳濡目染，很容易就会认为这是正常的行为。

人的很多思维都是惯性的，就像习惯女性操持家务，结婚时男性买房一样。从小在“暴力真人秀”中成长起来的孩子，如果内心中带着仇恨，长大以后很有可能就会变成恐怖的“暴力男”。

自暴自弃成习惯

暴力男大多喜欢异想天开，总是停留在幻想之中。比如一夜暴富，自己跟某个哥们谈个项目就能身家百万，以后一定会有所作为等。实际上，他们把大部分时间都用在打游戏、吹牛皮、喝酒、泡妞上了，真花在事业上的时间不超过别人的三分之一，这样的人又怎么会成功呢？

一旦幻想跟现实的差距太大，就会陷入自暴自弃的恶性循环之中。这时候作为暴力男女友的你，再在旁边“煽风点火”、“落井下石”几句，很容易便会遭到恼羞成怒的暴力男拳脚相加。

没有解决问题的能力

一般缺乏解决问题能力的人，都会寻求最简单最直接的解决方式。他们的信条便是“暴力解决一切”，因为这个方式最直接，也根本不需要思考，所以他们才会屡试不爽。只要在面对跟自己相反的意见时，挥出拳头就可以解决问题，这是他们每每成功的捷径。

实际上，这种想法是非常可笑的，我们不可能在对待任何事情的时候只选NO，不选YES，更何况在感情这件必须细腻处理的事情上呢？

自己说的永远是对的

很多父亲在教育孩子上都会实行棍棒教育，并且美其名曰：“棍棒之下出孝子。”而实际上，这种教育方式很难达到预期的效果，相反，这会给孩子留下一辈子的阴影。

一个几岁的孩童尚且会留下阴影，何况是恋爱中已经成年的女朋友呢？暴力男的性格因素中，多半会有“我说的永远是对的，你只需要执行就可以”的专制想法。

一旦对方与自己有不同的意见，对暴力男来说就是一种“背叛”。面对“背叛”，他们认为自己必须采取行动，不给对方点颜色看看，自己的地位就会不稳。

“SM”成瘾

最后要总结的这种心理，在我看来是最最可恶的一种。有着这种心理的暴力男，并不是因为外界因素才会喜欢用拳头说话，而是他们天生就迷恋血腥的味道，就喜欢看到别人痛苦、流泪。

一旦看到对方被自己打得痛哭流涕，在心理上就会有一种满足感，认为自己征服了对方。很多拳击选手，都是有着天生SM情结的人。这种人在舞台上很帅，但在生活中却很容易成为不折不扣的暴力男。

五、拒做包子女，我的幸福我做主

暴力事件的发生，暴力男肯定有着不可推卸的责任，可是包子女也有自己的可恶之处，要知道，毕竟是她自己一次次的纵容，才会将暴力男助长成为一名惯犯。

奶茶真的是遇人不淑吗？其实不然，而是她的身上也有着被暴力男盯上的潜质。到底什么样的女人容易成为“包子”呢？对照下面的N条，看看你有没有“包子”潜质——

- 非常喜欢小动物，看到流浪的阿猫阿狗会觉得很心疼，有想抱回家的冲动
- 不懂得拒绝别人，因为不懂拒绝吃过很多次亏
- 敏感，细腻，常常被大家赞性格好
- 通常成长在温暖的家庭中
- 认为这个世界是美好的
- 爱看泡沫剧，常常把自己幻想成公主
- 最喜欢公主风、甜美风的衣服
- 宁愿自己饿肚子，也要借钱给好朋友
- 时常觉得没有安全感
- 会有莫名其妙的伤感

如果你占了四条以上，就意味着你很有“包子潜质”，这样的你，很容易就会变成暴力男锁定的目标。从上面的选择题目里，我们可以看出包

子女有着善良、友好、脾气棒的好品质。可是善良、脾气好并不等于软弱可欺，切勿将这完全不同的概念混淆！

实际上，很多女人并不想一直扮演受气包的角色，但由于种种原因，无法让自己摆脱可怜的处境。现在就让我们赶快来透析一下，如奶茶般的包子女们内心的真实想法吧！

1. 怕被报复

暴力男可能经常这样威胁：你跟我分手试试？信不信我杀你全家？好吓唬的包子女为了保证家人和自己的安全，只能忍气吞声继续生活在魔掌之下。实际上，这种话完全就是拿来吓唬人用的，暴力男如果真恐怖到了动不动就去杀人放火的份上，也不会拿弱小的你“开刀”了。暴力男就是掌握了包子女的软弱性格，所以才会放这种没有技术含量的“狠话”出来。

2. 惯性依赖

很多在恋爱中的女人实际上根本不了解爱的概念。首先，你要清楚的是，一个真正爱你的人是不会经常把你揍到鼻青脸肿的。除非你有自虐倾向，在对方的折磨中能够“痛并快乐着”，否则，你的这种根本不知道爱为何物的惯性依赖会害死你自己的。

3. 救世主情结

你总觉得对方离了你会不行，会茶饭不思，会痛不欲生，会无法自理，甚至会——死！亲爱的，醒醒吧，这世界上根本就不存在这样的事。你出于道义，怕离开对方对方会过不好，可是他有没有想过，在他一次次的暴力之下，身为女友的你正在经受着怎样的痛苦？

4. 没有勇气

习惯了一种恋爱模式后，就会特别害怕改变。我当然理解你的感受，你害怕迈出第一步，你不知道离开这个人之后，你遇见的下一个人会怎么样，会不会比这个还要糟，还恐怖？我可以跟你打包票，最坏的局面也不过如此了。身体和尊严都被人践踏在脚下，还有比这更糟糕的恋爱模式吗？

5. 默默忍耐

在传统的教育模式下，很多女人都被灌输过“忍耐是美德，人生是苦海”等类似的论调。可事实并非如此，我们生来并不是为了忍耐别人的拳打脚踢，恋爱是为了让自己获取快乐，而不是凄风苦雨，普度众生。所以，包子女必须清楚一个概念：忍耐并非唯一的出路。

六、别无选择，也不一错再错

实际上，奶茶最后抛出来的问题她自己心里已经有答案了，那就是明朗根本不可能从暴力男变成阳光男，奶茶已经下了离开暴力男的决心，却不知道该用怎样的方式实现。

和奶茶有着同样困扰的女性，要注意看下面的这个部分，这对你们来说非常关键——

1. 坚定内心，反复告诉自己分手的理由

为自己准备一个网络记事空间，可以是QQ私密日记，总之你要寻找一个不被暴力男发现的地方。然后罗列出有关他的十条缺点，并且详细记录你每一次被打的细节，你当下的感受，越细致越好。你必须反复强化概念，可以将这样的句子写进去：他是唯一一个打过我的人，父母都很爱护我，周围的朋友都保护我，只有他例外。

不要再为他找任何“不得已”的借口，正视你所面临的处境。并在日记里描述“如果跟这个人一直在一起，五年后你的生活将是如何的”，最后在日记中写上你期待的理想生活。每天你都要找时间仔细阅读你所记录的内容，为期半个月。

2. 将自己的行李陆续搬走

如果你忽然将自己的行李搬走，很有可能会激化矛盾，不仅会被施暴，暴力男还有可能会到你家楼下进行围堵。

所以，如果你正在跟暴力男同居，一定要将自己的物品慢慢地转移，而你常用的物品，一定要最后一批转移。

3. 动用家长关系

你可以跟父母说出实情，毕竟父母是最爱你的人，遇见这种事情一定会站在你这边。暴力男并不是丧失理智男，很多人情世故他们还是懂的。

你可以让家长和暴力男进行沟通，让父母以“全家即将搬到别的城市”为由，希望暴力男也能够一起前往，但前提是，到了那边，暴力男需要自己找工作，并且尽快与你结婚。

通常情况下，人们在听到这种突如其来的消息都不会立刻做出选择，何况这种“抛家舍业”到另一个城市重新开始的选择并不是良策，改变生活现状，面对崭新的环境，生活上的压力等，能力不足的暴力男基本就会开始退缩了。

4. 表现出依依不舍

有了父母的这一铺垫之后，你就可以以“必须搬回家住”为由收拾东西了。一定要家人陪你一起收拾行李，仔细检查你的物品，千万不要有任何遗漏，不然暴力男很有可能会日后追到你家里，以还东西为由要见你。这种恐怖的暴力男还是少见为好。在离开你们共同生活的环境时，你一定要表现出依依不舍，并且要告诉他，即使以后两个人分隔两地，他喜欢别人了也没有关系，就去追求自己的幸福吧。

任何人都不可能因为你的离开而一辈子不恋爱，暴力男即使在你离开后喜欢上了别人，也不会埋怨你的离去，还会认为你善解人意。

5. 换掉换掉！换掉一切你能换掉的

实际上，暴力男只是有暴力倾向，而不是会二十四小时跟踪你的“变态男”，无论他是否发现你和家人是在演戏，基本上他都不会继续纠缠你。他如果不是傻子，就会发现你家人的话是想让他知难而退。他对你的感情没到死缠烂打的地步。

世界上不是只有你一个包子，以暴力男高大威猛的外在条件，很容易就能找到下一个对象。暴力男也有自己的生活，他又能在已经跑掉的鸽子上浪费多少时间呢？你只需要换掉他能找到你的联系方式，QQ、手机、MSN、博客，全部换掉。并且找一到两个身材高大的男性朋友跟你一起上下班一段时间，过一阵后，暴力男自然会从你的生活中消失得无影无踪了。

七、你需要的是一个HOME而不是HOUSE

有时候我在想，时代虽然进步了，人们的思想也开始超前了，文明社会也跟着蓬勃发展，但是婚姻却成了一个“大论题”，甚至有点让人难以理解了。每次饭后在小区散步，都会看到很多大爷大妈坐在长椅上攀谈，原来这些大爷大妈都是在为亲戚、邻居家的孩子找对象，相互沟通介绍，交流经验，互换资源。

但是，大家的话题为何会如此地相似呢？被介绍的双方还没见过面，大爷大妈就互相盘问起对方是否有房子，是否有车……最后可能才会只言片语地涉及为人如何，是否孝顺。给我的感觉完全是本末倒置了，就算两个人是通过他人介绍，最先了解的不应该是对方的人品吗？而经济社会，似乎大家更关心的是住房，谁有房子，谁就是候选人，谁的房子大，谁的小区贵，才是最终胜出的条件。女人啊，到底我们要的是什么，我们应该搞清楚。这也是我常常说的一句话。

我们要的是一个爱自己，爱自己家人，有责任心，有上进心的男人，还是一个八千块钱一平方米，一万块一平方米的房子呢？

我总觉得和深爱的人一起，哪怕是住三十平方米的小公寓，那也会是件很幸福的事。因为我们彼此深爱，我们彼此理解，所以我们才自得其乐。我们需要的是一个家，而不是一个如何如何大的房子。我们相互沟通的是心灵，不是一个房子的空间。

人们对家的概念被现在铺天盖地的房地产广告同化了，女孩子常常会说，连个房子都没有，我们怎么嫁？首先这就是对家的概念混淆。

房子是冰冷的、掺杂钢筋和混凝土的一种商品。而家应该是一种感觉，一种依赖，一种温馨，一种我们都会渴求的温暖。

家和房子本身就是两个概念，所以说女人还是要搞清楚自己要的是什么。房子并不是必需品，它可以靠着时间和财富的积累慢慢拥有，而爱情和家庭对大多数女性来说则是必不可少。

很多年前我在一本书上看到这样一个故事，让我感触颇深：在一个下着大雨的深夜，街道上积水很深，一个醉汉拎着一瓶酒，在街头踉踉跄跄。深夜巡逻的警察发现了他，并好心把他带上车。醉汉一身酒气，在车上不做声。警察在他掉落的钱包中发现了他的身份证，并开车把醉汉送到了家门口。到了地方，醉汉有些清醒了，对警察说道："请送我回家吧。"警察指着面前的大门，回答："你看，这不就是你的家了吗？"

醉汉有些激动，流下了眼泪说道："这不是我的家，这是我的房子。"警察顿悟。其实家指的不是你所住的房子，是房子里暖暖的亲情。很多人混淆了这两个概念。即使房子再大再美好，失去了亲情，家也不再是家了。

所以我们渴望的是一份浓浓的亲情，回到家里不是感受窗台有多宽敞明亮，不是享受沙发有多柔软舒适，而是家人给我们带来的温馨的感觉。可能只是老公的一个拥抱，妈妈的一个微笑，爸爸做的几道拿手菜。维系起来这个家的，是这样简单的、触手可得的亲情。

我们在经济社会的趋势下，有的时候看问题穿不透物质的屏障。觉得爱情、亲情固然重要，但是必须是要由经济支撑起来的。觉得有了房子，不一定是家；但连房子都没有，那一定就不是家。因为买房子的问题，多少男女错失良缘，最后不欢而散；因为房子的问题，多少家庭闹得鸡犬不宁。我们在不知不觉中，竟然被一种商品所束缚着，这难道不是很可笑的事吗？

房子固然重要，但只能说房子是家的一部分。房子不是家，有爱才有家。所以要懂得如何给予和接受爱。

假如有一天你认识了一个男人，你们一拍即合，有很多话题可以聊，你们交往得一帆风顺，朋友羡慕，家人祝福。唯一到了房子的问题上，你们为难了。你也许真的喜欢他，不是故意为难他，可你却说出了抱怨的话。

无形之中给彼此都施加了压力，也让这段感情出现了细微的裂痕。可我们为什么不能这样开导自己呢？

这世界上，放眼望去，能给我们买个房子的男人很多很多，但那些男人真的都是我们所爱的人吗？他们买的房子我们住进去又真的会幸福吗？但眼前的这个男人，我多么渴望能与他在一起，很享受我们之间的这段感情。我应该为了他而让步，没有房子，我也愿意和他一起努力拼搏。

如果我们真的爱眼前这个男人，那么无论我们身处何方，心里早就装下了一个家。

没有比想开了更豁达，比心甘情愿更自在的事情了。因为只有这个时候我们才清楚地认识到自己想要的是什么，我们想留住的又是什么。珍惜眼前人，维护这样的关系，慢慢让爱情更浓烈，让彼此都感受到温暖。房子是靠努力赚钱就能买得到的，而对方给我们的感觉则是多少钱、多少个房子都换不来的。

物质上的自立和富足，是可以后天得到的。而精神上如果想富足起来，光靠物质是无法填充的。我们要学会的就是换个角度思考问题，学着自我开导，学着重新认识。

如果一味地陷入矛盾，不肯让步，那么这种矛盾注定会变成不可调和的。我们越在意什么，往往就会适得其反，不要计较太多不必要的东西，可贵的是亲情还在，爱情还浓，眼前的他还爱你。给自己的心留一个出口，我们终会释怀。

所有的爱情里，我们要知道，男人需要的不是野蛮女友，女人需要的也不是痞痞坏坏的小帅哥。而两个人需要的，也并不是房子，而是一个真正意义上的家。

八、幸福不在于拥有的多，而在于计较的少

其实什么是幸福，就像什么是爱情，什么是生命一样，让人不知从何说起，也很难形容出来。幸福没有一个标准来衡量，要看你以什么样的心态去对待它。计较的越少，自然得到的越多。

我们要学会去感恩生活，一味地抱怨、不满足会让自己每天都陷入疲惫倦怠之中。有时候你握紧双手什么都得不到，当你张开双手，你却得到了全世界。

人生本来就是这样，生活本来也一如既往，一切就应该是平淡得恰到好处，一切是那么地理所当然。可我们往往会觉得生活中充满了不如意。其实你的生活已经很好了，很幸福了，可你总是发现不了幸福的所在之处，你摸不到、看不见。你时常抱怨，时常感叹，你把一丝一毫的不顺心都归结到这样的不如意之中。

这就是我们的期望增加了，而眼前的状态不能满足我们日益增加的期望。有时候，你感到幸福，不是因为生活增添了怎样的精彩，不是你拥有了更多的什么，只是因为你放下了一直放不下的烦恼，放弃了一直不该坚持的执著。有时候，我们感到不幸福，不是生活突然变得阴暗了，不是我们身边少了什么，而是我们的欲望增加了，我们变得贪婪了。

生活的路上，幸福还是不幸福，完全取决于我们本身。如果我们一直把眼光放得很高，每天和一些与我们生活轨迹本不相同的人比较，会很累很累，而且永远得不到满足，幸福也会因为我们的贪婪离我们而去。

另外，我们不该带着烦恼上路，烦恼永远是人们追求幸福道路上的劫数。因为计较的多了，所以产生了烦恼，有时候活得糊涂一点并非坏事。

活得糊涂的人，往往容易得到幸福，活得清醒，就容易烦恼。学着活得糊涂一些，因为糊涂让我们不再计较很多。

世界上本来就充满很多不必要的烦恼——为权，为钱，为名，为利，人人行色匆匆。遇到了这样的烦恼，不是烦恼离不开你，而是你丢不掉它。

贪婪使人类变成了最特别的动物。看看身边的小动物，生活是不是特别简单？出去觅食，一旦有所斩获就会享受自己的果实，然后找一个舒适的地方睡上一觉。这本应该是动物最基本的生存规律和习性。而人类则不同，人类把这原始的规律归结为不思进取，不求上进。

所以自古以来，人们就争夺地盘，追逐名利仕途。似乎贪婪和欲望已然变成了人的天性，无止境地希望得到最大化。一旦达不到人们预期的目标，人们就会无病呻吟。

在爱情之路上，我们更是要懂得知足，不要每天期盼着爱情生活会有多么浪漫，不要期盼每天都是情人节。计较得越多，你越会觉得爱情乏味。

你的他可能每天忙于工作，冷落了你的感受，忘记了今天又是什么什么样的纪念日。一年之中各种各样的节日不计其数，所有的纪念日，他都可能会无意中忘记。请原谅他，请不要抱怨，因为爱情最终是在柴米油盐中感受出来的。

他可能不够阳光帅气，不懂风趣幽默，但是想想他当初为什么会吸引你，而这个你曾经爱过的人如今还在你身边，这不就是幸福吗？不要老觉得他不爱你了，也不要觉得自己付出了这么多却没有得到回报。

男人其实很脆弱，他们也有低沉失落的时候，所以你付出你该付出的，但别奢求他的感激。要知道，时刻地讨好，谁也做不到。宝贝们，此刻，不要再去问他怎么了，只要安静地陪在他身边就好。

爱情应该是美好的，不要计较太多，不要时不时地迷茫和害怕，觉得若即若离，反而把美好变成了一种莫名的负担。不要相互猜疑，不要觉得他似乎不再爱你，渐渐地你也会开始戒备，爱情就这样在猜疑中渐渐土崩瓦解，这就得不偿失了。

既然两个人在一起了，就要做什么都无怨无悔，做什么都不求回报，给对方一定的空间，给爱情留一个保鲜仓。我们的爱情没有那么特别，或者说特别的感情根本不能称之为爱情，充满浪漫和激情的是恋情。

我们可以有期待，但我们期待的应该是积极向上的，而不是贪婪的，期待是你能通过努力得到的。

我们也可以有希望，希望应该是有助于我们幸福的，希望不是奢求，因为希望不会让我们身心疲惫。我们计较得越少，得到的会越多，放下烦恼，接下来的路才会走得更加从容。

九、如果一个男人开始怠慢你，请毫不犹豫地离开

再强大，再自立，再能赚钱的女人，也会渴望拥有一段完美的爱情。爱情是美好的，但前提是我们遇到了对的人。

很多姐妹都曾经在感情上受过创伤，快乐都一样，悲伤却千万种。我相信，这些伤痕中，最多的是遇人不淑。你曾经信誓旦旦的爱情，在时间的浸泡下，在对方逐渐冷漠的态度下，已经褪了颜色。而那时候的我们，仍不肯相信，不愿放弃，最后的最后留给我们的也只剩伤痕。

女人是感性动物，很多女人陷入爱情后，都觉得爱情最大，对方是自己的一切。当爱情结束了，依然当断不断。我们重感情，我们对爱情深信不疑，这些都是我们的优点，更是我们的软肋。

当你遇到了一个开始怠慢自己的男人，应该怎么办？答案唯一并且坚定，那就是尽快地离开他。他怠慢你的理由实际上只有一个，那就是你不再吸引他，他不再觉得你有多么特别，和别的女人也没什么不同，只会让他感到平淡和无味，在你身上他再看不到任何神秘色彩，逐渐对你失去了兴趣，你的毫无保留已经成为他腻烦你的理由。

一旦发现有这样的迹象，千万不要心存幻想，觉得对方的这种态度只是暂时现象。往往，这是你们爱情破裂的导火索。

当一个男人开始怠慢你，相信他已经不再爱你了，只是觉得还不至于马上分手而已。无论他过去有怎么样的海誓山盟，你们之间又有多少浪漫的故事，不管你们当初是多么地一拍即合，但现在他已经觉得你没那么重要了。不要觉得自己输了，更不要不开心，感谢自己发现了他不爱你。

别傻傻地想把他揪到咖啡厅谈个清楚，你哭哭啼啼，你苦苦哀求，你

百思不得其解，你总想知道为什么。而最可怕的就是什么事情非要去求一个结果，得出一个答案。你又何必这样苦苦折磨自己呢？不要问，不要哭，不要等，不要有所期待。

有时候女人是自己放下了本来的骄傲。当一个男人开始怠慢你，试着果断一些，勇敢一点。离开他，并没有你所想得那么困难。

我们要具备对感情的分析能力，也要有自我疗伤的本领。哭完以后，好好想一想自己和对方的问题所在。他是不是真的有那么重要？是不是真的那么值得让自己每天活在烦恼之中？就算他真的百里挑一，就算你们经历过最刻骨铭心的事，可是现在，他已经不爱你了。

你爱他，但他开始冷漠你，怠慢你。在你需要他的时候，他不再选择奋不顾身地出现；在你需要安慰的时候，他只会火上浇油；当你希望一个人静静的时候，又得不到他的理解。可你仍是那么义无反顾地爱他，包容他。到现在，失去的是他不是你，他失去了一个如此爱他的你，这是他的损失。而你只是丢掉了一个不爱你，不值得你继续浪费时间的人。这样去想，你应该高兴才对。因为他不再爱你了，所以你才有了自己新的生活。在一个人的清晨，终于不用卑微地爱着，走出去看看外面的世界，还有很多爱你的人在等着你发现，你深深呼吸，漫山遍野的花朵，总还会有一朵为你而开。

爱情没有对错，只有是否珍惜，你比他早一步离开了，你也比他早一步重新生活了。不要觉得这样的结果是爱的残缺，你已经做得很好了，至少你曾经很投入，你感受过了爱情中的快乐，把美好留在脑海中。爱情不一定都是永恒的，而你保留下来的，爱情中最甜美的记忆才是属于自己的。

果断一直是女人所缺少的，我们心思细腻，感情用事，非常感性，和男人相比我们时常注重感受。而男人似乎是有一套公式，一旦我们没有驾驭好，偏离了他们的公式的时候，他们的心里就没有我们了。

果断也是自尊自爱的表现，苦苦等待，不愿放弃，他不但不会感激，还会觉得很烦。女人，无论何时都不要放下你的尊严，别纠缠过去，不要在明知道没有结果的事情上浪费精力。理智的女人才会懂得如何保护自己，不让自己在爱情中受伤。

所以亲爱的，你一定要让自己骄傲起来，学会放下，学会舍得已经不再属于你的感情。聪明的女人，不会拖拖拉拉带着泪水前进，你要有寻找幸福的勇气，认真思考，如果问题不在自己的话，那就放开手吧，放生彼此，骄傲前行。

十、哪怕你们认识已长达十年，也应保留神秘感

“我跟她已经认识十三年了，但是她从来没有在我面前唱过歌，有一次我们一群朋友去 KTV，她唱了一首《夜夜夜夜》。刚唱了一句全场的人都惊呆了，我从来没想过她唱歌居然这么好听。要知道，我以前一直都很热衷于在她的面前秀自己的歌技，甚至很白痴地认为她根本不会唱歌。”

阿伟和朱朱认识十三年，交往六年，但对于阿伟来说，他仍然认为自己并不完全了解朱朱，在听她唱歌之前，他不知道她可以唱得这样好。

他们在一个公司，而就在去年的公司年会上，朱朱居然跳了爵士舞！和她住在一起的阿伟居然连她什么时间练习的都不知道。不仅如此，朱朱还会弹钢琴，可是阿伟从来没有听朱朱提起过，直到他们一起去参加一个友人的婚礼，朱朱再一次“小宇宙爆发”。

“我总是慢慢地展现我所会的那些,就像拥有一块非常美味的大蛋糕，但是我每次只切一小块给他，这样他就会被我吸引。

“两个人交往时间久了，难免会对对方产生审美疲劳。所以，无论是恋爱还是婚姻，都要使些小伎俩，不要一开始就亮出自己的底牌，底牌被对方知道了，自然就失去了新鲜感。不过就算亮早了也没什么，你可以学些新东西，学些他不知道的东西。”

朱朱对于这段爱情长跑有自己的心经，她觉得能够一直让爱情保鲜的原因和关键，就是不能够让他了解你的全部。

《爱情呼叫转移》中有个令人捧腹的场景，大概的内容是：男主角和太太谈离婚的时候崩溃地大喊，星期四为什么一定要吃炸酱面？你在家的时候为什么一定要穿这件紫色的毛衣？

有个很有名的女作家，每天都在家里写作，但是不管当天她完成了多少工作量，在下午三点的时候，她都会精心地打扮自己，因为她的先生五点钟会回到家里，她要穿着漂亮地陪他一起吃饭。

可能有人会觉得她多此一举，又不要出门，反正都是在家吃饭，再说，为什么女人一定要取悦男人呢？其实，让自己保持新鲜感，充满神秘感，不仅仅是为了取悦你的另一半，更多的时候，这么做是为了取悦自己。

日复一日的单调生活，会让我们渐渐变得麻木起来，一个人如果对生活不再有激情，乐趣也就会随之变少。我们都乐意接近那些让我们能够感受到美好的事物，对于你的朋友和另一半来说也是如此。所以，多花些时间在自己身上，不要让对方认为他已经“吃定了你”。

有一句话我很欣赏：对于男人来说，最好的爱情就是要让他感觉无法驾驭你，而你，似乎随时都有可能离开他。

你的不断完善，会让他始终处在“半安全感”中，千万不要认为这很残忍，相反，这对你们之间的爱情保鲜很有好处。

都说女人是一本书，而你要做什么样的书呢？是单调乏味一眼就可以看到结局的烂俗小说，还是一本充满哲理，百看不厌的名著呢？

十一、总花男人的钱，女人更容易遇上坏男人

有一种女人，觉得男人就应该是提款机，觉得男人做什么都是理所应当的，更多的体现在经济上对男人的依赖。可男人毕竟不是信用卡，不是你想刷就刷想透支就透支的。

花男人的钱，往往要承担很多后果。你觉得男人为女人花钱是天经地义的，因为男人能赚钱，男人能拼搏。没错，男人靠血汗换来了金钱，但千万不要低估他们的智商。男人都是好商人，每个女人在他们眼里都有心理价位。心术不正的男人更喜欢用钱来诱惑一个女人。

你喜欢他买单的动作，喜欢他和店员说“把这些都包起来”，喜欢他比你还了解奢侈品牌。喜欢坐上他的车，喜欢用他的钱光鲜自己让姐妹们嫉妒。你觉得你左右了他，他会乖乖地臣服于你。只要你喜欢，只要你需要的，他都乐意奉上。这些“你认为”总有一天会被一记响亮的耳光粉碎。

人们常说十个男人九个坏，其实不然。只是有些女人的做法，就是会吸引一些坏男人。比如你经常在朋友面前感叹A又找了个高富帅，嫉妒人家情人节收了九百九十九朵玫瑰花，羡慕人家收到你半年工资都买不起的包包，感叹人家和男朋友经常去的饭店竟然是你每次路过都会心寒着灰溜溜走过去的地方。

有这样的羡慕是正常的，但这样的羡慕绝对不是你想要花男人钱的理由。这种羡慕不足以让自己日后一定要过上这样的生活，改变自己的价值观。

可能只有你眼睁睁看着A被玩弄感情，被抛弃以后，你才会庆幸那

个曾经风光的女人不是自己，男人的钱真的没有那么好用。金钱本身是无罪的，它只是一个固体的存在。出问题的是利用它的人和需要它的人。

都知道男人赚钱也不是一帆风顺，在酒桌上强颜欢笑，出去应酬跟前跑后，上司批评，下属议论……他们知道自己赚来的每一分钱，花出去就一定要得到回报。

不要以为只有女人物质、爱钱，男人更是如此。女人以为男人把看得很重的钱都花在自己身上，一定是对自己死心塌地了。其实，男人心里也有一个小算盘，花了多少钱，他就期待得到多少回报。当你还没达到他预计的价位时，反倒习惯了他的存在，你开始觉得自己离不开他，你需要他，甚至爱上了他。故事好像就应该这样顺理成章地美好下去。

直到有一天，他说他累了，他说你太烦了，他嫌你花钱有点大手大脚了，他说你不可理喻了，他说你太粘人了，他说还是分开吧，他说你们不适合了……

是不是非要等到这样的时候我们才会如梦初醒？很不幸，你碰到了一个坏男人，你超出了他的心理预期。他不再希望把精力和钱投资在你身上了。有些男人是非常理性的，他们能分清楚自己想要的是什么，而你在他们的眼里显然已经物化了。

花他们的钱，你根本没想到这样的结果吧？其实错不在你，也不在他，更和钱无关。只是你该反省自己一下，为什么那么理直气壮地花他的钱。别天真地以为他唯命是从，没有人亏欠你任何东西，想想他会不会只是在一个需要人陪的时间，在一个他觉得用钱来解决感情会比较简单的时间，遇到了一个恰好的你？

人们常说，经济独立，才能人格独立。我们不是不能接受对方的馈赠，但要有节制，知道什么该属于自己，什么是自己应该谨慎对待的。女人贵在知道自己需要什么。很多女人每天工作忙碌，根本不需要那么多的衣服。有的MM看到漂亮的晚礼服也习惯买回家，却忽略了自己根本没有穿晚礼服的场合。

想想看，我们真的需要橱窗里面那些奢侈品吗？你也许会有这样那样的理由，你可能会说，也许以后我就会有机会出席一些场合，我一定可以用到它们。也可能会说，我只是单纯的喜欢，和价格无关……

总之你不会承认是自己的虚荣心在作祟。有了虚荣心，坏男人就永远有可乘之机，在你需要的时候出现，在你为难的时候替你摆平，仿佛他总是那么及时。他也在暗中瓦解着你的防线，他绅士得要命，他大方得体，一箭正中你红心……

亲哪，快醒醒。你要看清楚对方的意图，送你LV但送你的不是爱。一定要在适当的时候跳出来，审视自己的感情。女人往往很感性，一旦关系破裂了，我们无疑是最大的受害者。

金钱是诱惑女人的利器，千万不要被蒙上眼睛，被金钱左右。做个潇洒的女人，争取自己经济上的独立。我们需要男人，更需要好男人，不要因为花男人的钱而给坏男人可乘之机。

十二、不在一个不爱你的男人身上浪费时间和精力

A是最近和我电话联系频率最高的人。每次看到她的电话我都会头痛，因为她这几天所诉说的都是同一件事，对我而言这简直是精神上的高度折磨。内容就是她和男友分手了，和一般的故事情节差不多，只是她觉得自己不甘心，她觉得自己投入了太多太多。

他们从高中起恋爱，大学毕业后相隔两地，那时候就已经有了五六年的感情。她在老家的地产公司上班，男友则去了北京。她觉得异地恋保持了距离感和新鲜感，爱情应该不减反增。

她知道男友在北京起初并不宽裕，自己毕竟在家工作，身边还有父母，所以赚的钱大部分都给男友汇了过去。过节了，男友回来一次不方便，A就订好火车票，乘卧铺一夜只为了见到男友。A的男友这么多年也都惯性地接受着A对他的好。

可是，谁又真的知道呢，其实大学毕业的时候，男友就曾经提出过分手，理由是觉得彼此并不是真的适合，正好借着毕业就做个了结吧。A苦苦哀求，提了很多过去，加倍对男友好，可算是挽留住了这段感情。

这样一天又一天，一年又一年，有一天A接到了男友的短信，里边的字眼很暧昧，但交谈的主人公却不是A。A还在纳闷的时候，男友忙打过来电话解释，说是别人用自己的手机发信息，发错了，才发到她这儿。A竟然相信了，不是她多么愚蠢，而是她宁愿相信男友没有骗她。因为这么多年的感情，她真的不敢轻易点破。交往的年头多了，联系却越来越少了，电话从原来的一天三通，变成三天一通。但A对男友的态度依旧如故，月末打给男友钱，过节了还会提前订好火车票。一切都没变，变得只是她

男友不爱她了，是的，早就不爱了。

从毕业前就只剩下了习惯。A总觉得时间会改变一切，她觉得一如既往地对他好，就是对爱情最好的呵护，有裂痕的感情会在她的努力下重新修复。可是她错了，在她拎着月饼看到男友和别的女孩儿走在一起时，她才知道自己错了。

她很无助，觉得自己很可怜，她爱他，可她却失去了他。就这样，她对一个已经不爱她的人投入了太多太多精力，她累了，并且没法相信和接受这些，所以每天我的电话就变成了她的情感热线。

我很同情A，她傻傻地对一个男人好了这么多年，却不曾想过她汇给男友的钱男友都用在了别的女孩儿身上。她每次到北京和男友见面的时候，却不知男友早就想脱身投入别人的温柔乡。这种事我是真的不知道从何劝起，两个人的感情，感触最深的最终还是彼此。明明知道他不爱了，他都说出来了，我们为什么不让自己打扮得漂亮一些，在分手的时候只留给他一个背影，华丽转身呢？哪怕是假装的潇洒。

所以，女人一定要对自己好一些，伤心虽然在所难免，但是在痛苦的时候仔细想想是他放弃了自己，我们还有很长的路要走，很多好的男人没有遇到。我们不能就这样跌倒了，萎靡不振。

做个漂亮聪明的女人，不再对没有回报的人或事投入一丝精力。别幻想着感动一个对你死了心的人，也不需要给分手找一个多么美满的理由。我们与其委屈自己，无条件地付出着，不如狠下心来全身而退，给自己留条活路。

你永远不知道下一次会遇见谁，别觉得他有多么特别，离开他就再也不会有人让你心动了。当断不断，反受其乱。生命也好，爱情也罢，它都是有终点的，所以，在相处的时候我们就要做好这样的准备，不要对一个不爱你的人投入太多的时间和感情了。在爱得很累，爱得很被动的时候，照照镜子看看自己有多么不堪，为什么要对自己这么残忍，而不好好爱惜自己呢？告诉自己，已经没有对他好的必要了。

如果一次劝不好自己就两次，两次还不行就三次。形成这样的意识，没有谁是离不开谁的。他爱你时，他是个重要的人，他不爱你了，你没义务惯性地视他如命，这样投入的感情真可谓白白浪费了，还不如留一些给自己和家人朋友。

在我们身边，总会有一些想不通的女人，会偏执地认为爱情是可以挽回，可以培养的。我和身边很多男性朋友都聊过这个问题，假如一个你不喜欢了的女人一直执著地对你好，你会改变对她的态度吗？

答案几乎惊人地相似，那就是根本不会。因为不喜欢就是不喜欢了，最多只会觉得有了她的好很习惯，但也只局限于好感，并不认为自己要喜欢上她。这就是我所得到的答案。所以，对不爱你的男人投入再多也只是竹篮子打水一场空。

生活中还有很多事值得你投入感情和精力的，比如亲情，比如友情，甚至一些你的爱好。

因为爱情有别于这些，它不像亲情一样无私，不像友情一样温暖。不爱了就是不爱了，调节好自己的心态，美美地从结束了的感情里走出来，应该把他从曾经熟悉变成陌路。爱惜自己，爱情应该是美好的，它不应该让你感到心寒和疲惫。

我劝了A很多，不知道她有没有真的听进去，我想只有当她真正走出来的那一刻，才会真的明白。投入该投入的，保留该保留的。你不爱惜自己，不心疼自己，怎么走未来的路呢？打扮得更漂亮一些，在男人对你失去感情的时候，大胆地接受这结果，留给他一个华丽的转身吧。

十三、看清自己身上的潜力和魅力，不要过早“清仓甩卖”

我记得以前在一本书上看到过一句话——人的一半是外星人。虽然这句话听上去荒唐可笑，可是其中却蕴含着大道理。

其实，我们每个人都蕴含着自己看不到的小宇宙。可能你看上去相貌平平，没有一丝一毫的优点，有的时候你甚至开始讨厌自己，羡慕电影或者电视剧里边的女主角。她们似乎都那么优秀，美丽高雅，能歌善舞，有的是职场女精英，有的如同童话里边的白雪公主。可是，这些人物都是虚构的，千万不要因为她们影响到你自己的心情。

其实，你很优秀，我们每个人的出生都是上天的眷顾。你可能头脑不够灵活，你可能其貌不扬，你可能表达能力不好，不会品红酒，不会弹钢琴……可是你要乐观地看待自己所拥有的，不要只看到自己不具备的。你可能只是会打扫房间，做饭好吃，只是喜欢看一些别人不喜欢看的电影，只是心地善良、宽以待人……但这些就足够了，这些就会让你变得特别，这些也可以理所应当地成为你吸引别人的砝码。

女人最害怕年龄变大，日子一天一天过去，自己也被时光追得透不过气来。慢慢地，身边的闺蜜都结婚了，有的抱孩子了，你随了一份又一份礼，参加了一个又一个浪漫的婚宴。在退场的时候，心里总是会泛起一丝凄凉。你感觉全世界好像只有自己每天独来独往，你开始关心自己是否长了鱼尾纹，即使没有，你也笃定它早晚会来。你焦急着，烦躁着，你开始怀疑自己是不是要变成黄金剩女了。

慢慢地，家里开始给你寻觅相亲的对象，你在家里上网的时候，总是无意间听到父母躲在房间里悄悄地打听对方的情况。你又看了看自己：皮肤或许黄黄的没有一丝色彩，黑框的近视镜还是前年配的，屋子里的钢琴学了一年就放弃了，洗衣服做饭样样都得父母动手，而今天上午在公司还挨了上司的一通批评。

你其实根本就不喜欢相亲的气氛，一个陌生的男人，或许不高，或许有点络腮胡子，或许不懂风趣，或许说起话来就没完没了。你终于还是参加了第一次相亲，对方条件还不错，谈吐也很得体，你们似乎聊得不错，你对他甚至有了些许好感。你们互相留了手机号码，可最终对方也没给你发过一个信息，打过一个电话。你又失落了，你嫌弃自己这不好那不好。你自卑得不想出门，你甚至会很生气。其实你想多了，不是你不够好，只是对方可能觉得你们并不适合。

我们每个人都是潜力股，每个人也都有着自己的优势，我们只是不知道该如何表达而已。也许我们该从外表着手，争取给别人留下一个深刻的印象。都说世界上没有丑女人，只有懒女人。

在大街上看到很多女孩儿，戴着酷酷的墨镜，乌黑亮丽的披肩发，穿着短裙秀出自己修长的美腿。你会惊呼并且嫉妒。

这样的装束虽然适合她们，但不见得适合你。你要给自己的风格定位，把你的格子衬衫、运动裤、NIKE鞋统统扔掉，重新填满自己的衣柜。当然你需要一个了解时尚的朋友给你最中肯的意见。改变你的发型，和齐刘海说再见，和毛燥的失败的烫发说拜拜。去一家平时不敢进去的美发沙龙，让理发师塑造一个不一样的你。

现在再照照镜子，你会发现原来自己并不普通，你也可以让别人眼前一亮，甚至比曾经羡慕的女孩更加地惊艳。你和别人眼中的美女，已经站在了同一起跑线上，可她们或许没你做饭好吃，或许不像你一样会骑自行车，或许没有你这么平易近人……

这样你不是超越了她们？不要不敢想象，没错，你真的就是这么优秀。只是优秀得不太明显，需要你自己精心地发掘和培养。

为什么当初会觉得自己一无是处？现在我们自信满满，不再会想别人肯不肯要自己，不再说“找个差不多的就嫁了吧”这种委屈自己的话。女人有时候应该学会骄傲。放眼望去，这满世界有多少好男人，我们干吗不选一个自己最中意的完成终身大事呢?

从今天起，每一天我们都要觉得自己状态非常好，每一天我们都要给自己一个比别人强的理由。我们庆幸自己没有过早地“清仓甩卖”。

星期一，你以一个崭新的姿态来到公司上班，你发现所有同事都惊诧地看着你从他们面前走过，一切似乎都凝固住了。就在这一刻，你是主角，相信自己可以给他们带来不一样的感觉。你的办公桌上开始有泡好了的咖啡，情人节收到隔壁桌送来的玫瑰花，加班的时候会有早就心仪的男同事故意留下来陪你。这就是你的改变。

不要总觉得自己不可救药了，不可救药的只是曾经的生活方式，女人要活得精彩，给自己一点颜色，你的生活会有意想不到的变化。

永远不要觉得自己会被所有人遗忘，不要觉得自己没特点，像空气一般，每个女人都是有魅力的。有的时候只要我们稍微改变，有的时候只是时机不对，有的时候只是他还没有察觉到你有多特别。不要担心、焦虑，更不要气馁，给自己加加油，打打气。我们或许不够好，但我们是独一无二的坚持，做独一无二但是会一天比一天更加出色的自己。

第八章

HOLD住品味——

做好READER，才能做好LEADER

一、独家打造——专属你的魅力书单 TOP30

喜欢看书的人往往是热爱自由的，像有句话所说的那样：身体和灵魂，总得有一个在路上。书本对我们来说，就像一个充满美好的灵魂世界，在这个世界中，我们可以选择去任何一个地方——

TOP1. 《我们始终牵手旅行》作者：左手，张千里

“认识二十七年，恋爱十一年，结婚八年，自助旅行十年，二十三个国家，十几万张照片，几十万文字。”他们青梅竹马，万水千山。

他们双手紧握，边走边爱。“爱情迟早褪去激情，唯有我们始终牵手旅行。”这是一对情侣的旅行图书，里面包含了文字、图片、旅行、爱以及希望。

TOP2. 《一个女人的传奇——时尚先锋香奈儿》作者：马赛尔·海德里希

本书为我们展现了一个明星面具后的不为人知的可可·香奈儿，从她传奇的一生中我们可以获得关于女性时尚与修养的诸多启示。它将引导我们以独立的人生态度走向绚丽的人生之路。这本书不仅是传记，更阐述了人生哲学和生活方式。

这本书呈现了一个丰富、立体的香奈儿，她的传记也如此独树一帜：充满了矛盾、夸张，甚至还有谎言，但可以归结为一个女人的传奇。

TOP3. 《一辈子做女孩》作者：伊丽莎白·吉尔伯特

作者伊丽莎白·吉尔伯特在小时候有个梦想：自己长大后会是儿女成群的妈妈。但在三十岁以后，她才发现自己既不想要小孩，也不想要丈夫。这本书中的一百零八个短篇象征了灵魂探索、自我发现之旅。

作者在意大利、印度、印尼三个不同国度之间寻找自己——到意大利品尝美食，尽享感官的满足。在世上最好的比萨与美酒的陪伴下，灵魂就此再生。在印度，与瑜伽士的接触，洗涤了她混乱的身心。巴厘岛上，她寻得了身心的平衡。在这一整年追寻快乐与虔诚之间的平衡中，她终于发现：拯救她的人并非王子，而是她自己操控，拯救自己。

TOP4. 《遇见未知的自己》作者：张德芬

故事从“冬天的雨夜，在荒郊野外的山区，一个没有手机、没有汽油的孤单女人”开始。若菱，自名校毕业，拥有令人羡慕的工作，但心中却不时地自问：为什么我不能拥有想要的生活？为什么我不快乐？我该如何当自己生命的主人？

在一个下雨的冬夜，若菱巧遇一名智慧老者，在与智者数度交谈的过程中，她渐渐填补不快乐、挫败的心灵缺口，寻回最真实勇敢的自我……

你会不会担心和若菱一样，让身体的疲惫失控于华丽的业绩之中？你是否也想遇见在你心中的智慧老者，穿越心事的重重黑纱，遇见全新的自己？

TOP5. 《秘密》作者：朗达·拜恩

《秘密》是一本心灵励志书。本书作者朗达·拜恩是澳大利亚电视工作者，有一年，父亲突然去世，工作遭遇瓶颈，家庭关系也陷入僵局，就在人生跌至谷底、生活即将崩溃时，她意外发现了隐藏在百年古书中的秘密。

这些秘密亘古以来存在于各种口述的历史、文学、宗教与哲学之中，更藏在人与世界的各个互动层面，每个人自身都存在着自己所不知道的能量。作者还发现，许多当今的佼佼者早已了解并学会运用此秘密。

因此，作者不禁疑问：“为什么不是每个人都知道呢？”于是，作者决心组织一个团队揭露这个只有1%的人才知道的惊天大秘密。她发现，洞悉这个秘密的人都是各行各业的佼佼者，他们现身说法告诉你：幸福、快乐、健康、金钱、人际关系，这个秘密都能给你！了解这个秘密，就没有做不到的事；不论你是谁，你想要什么，这个秘密都能给你！

TOP6. 《小王子》作者：圣·德克旭贝里

《小王子》所讲述的是美丽的伤感故事。飞行员“我”因为飞机出了故障，被迫降落在远离人烟的撒哈拉沙漠上，这时一位迷人而神秘的小男孩出现了，执拗地请“我”给他画一只绵羊。

他就是小王子，纯洁、忧郁，来自太阳系中某个不为人知的小行星，爱提问题，对别人的问题却从不作答。

在攀谈中小王子的秘密逐渐揭开了，他是因为与他美丽而骄傲的玫瑰发生了感情纠葛才负气出走的。他在各星球中漫游，分别造访了国王、自负的人、酒鬼、商人、掌灯人和地理学家的星球，最后降落到地球上，试图找到疏解孤独和痛苦的良方。小王子结识了狐狸，同狐狸建立了友谊，也从狐狸那里学到了人生的真谛。

他决定回到他的玫瑰那里去，但是他的躯壳是难以带走的，于是他决定求助于那条三十秒钟内就能置人于死地的毒蛇。

TOP7. 《饭醉记录》作者：和菜头

大多源自和菜头本人的博客《槽边往事》，忠实记录了改革开放以来作者孜孜不倦饲养自己的心得体会。在这本文集里，对于美食的描写超越了食物本身，更多着墨于食物和人类之间的情感。

因此，与其说它是食评，不如说是一枚吃货袒露心声，赞美食物的私人感悟。其中对于食物真挚的情感和炽热的文笔，已经远远超越了“吃”这一人类基本生理活动，抵达了生活深处，几乎可以看到那里正在熊熊燃烧的欲望之火。

TOP8. 《每天懂一点好玩心理学》作者：原田玲仁

这是一本超级实用的好玩心理学。一见钟情的秘密，恋爱达人的秘诀，没有长性的心理原因，做梦的男女差别，为什么偏有人喜欢排队，拍马屁的高明方法，识破丈夫谎言的高招，夫妻间防止吵架的技巧，为什么英雄多是孤胆英雄，为何乘电梯时大家都喜欢往上看，价格尾数的促销作用，星期四是事故多发日……这些新颖有趣的案例也许能带给你与其他心理学读物不一样的新鲜感。

TOP9. 《男人来自火星，女人来自金星》作者：约翰·格雷

这是一本有助于改善夫妻关系、保持美满婚姻，使夫妻结伴走完人生旅途的通俗性的心理自助读物。英文版于1992年在美国首次出版。出版后引起了巨大的社会轰动，在美国各年龄层的男男女女中产生了很大影响。《纽约时报》书评根据其销售量，将其排在畅销书排行榜前列，时间竟长达一百五十八周。

作者以男女来自不同的星球这一新鲜、生动、形象的比喻作为他的全部实践活动的理论支撑点：男人和女人无论是在生理上还是心理上，无论是在语言上还是在情感上，都是大不相同的。这本书会让你发现很多问题并不是你与另一半有分歧，而是男人和女人本身就不是一个星球的。

TOP10. 《人生中最美妙的事都是免费的》作者：尼尔·帕斯理查

这是一本妙不可言的幸福书，作者将生活中一些平常的小事，在这本书中用显微镜高度放大、浓缩，汇聚成一部幸福大百科，一本真正意义上的全世界最具幸福感书。

人有时候很容易就会忘记那些让自己微笑的事情。每天二十四小时，一周七天，新闻里不断播报着令人皱眉的事情：极地的冰川正在消融，龙卷风在大洋里旋转，战争在世界的各个角落里越演越烈，各个国家的就业率再次降到冰点……

糟糕的消息很容易让我们产生类似整个世界正在崩溃瓦解的错觉。但是，美妙的事情其实一直都围绕在我们身边，有时候我们只是需要有人来稍稍指点我们一下，让我们能发现那些美妙绝伦的事情。

TOP11. 《九型人格》作者：海伦·帕尔默

九型人格是一种深层次了解人的方法和学问，它按照人们的思维、情绪和行为，将人分为九种：完美主义者、给予者、实干者、悲情浪漫者、观察者、怀疑者、享乐主义者、能力者、调停者。

九型人格最卓越之处在于能穿透人们表面的喜怒哀乐，进入人心最隐秘之处，发现人的最真实、最根本的需求和渴望，能够帮助我们洞察人心，用有效的方法应对他人，最终提升我们人生的幸福感和成功感。

TOP12. 《男人这东西》作者：渡边淳一

作者根据自身亲身观察与体验写的《男人这东西》，在日本出版后曾引起巨大反响。

他用文学的笔法分析了男人与女人的性心理发育过程，着力探索计策性活动的文学与文化意义，指出泄欲是人逃避不了的事实，人应该发展被社会压抑的性。

TOP13. 《自控力》作者：凯利·麦格尼格尔

作为一名健康心理学家，凯利·麦格尼格尔博士的工作就是帮助人们疏导压力，并在生活中做出积极的改变。

多年来，通过观察学生们是如何控制选择的，她意识到，人们关于自控的很多看法实际上妨碍了人们取得成功。例如，把自控力当做一种美德，可能会让初衷良好的目标脱离正轨。

所以，麦格尼格尔要求她的学生了解影响自控的生理学基础、心理陷阱和各种社会因素。麦格尼格尔吸收了心理学、神经学和经济学等学科的最新洞见，为斯坦福大学继续教育项目开设了一门叫做“意志力科学”的课程，参与过这门课程的人称其能够“改变一生”。

这门课程就是《自控力》一书的基础。本书为读者提供了清晰的框架，讲述了什么是自控力，自控力如何发生作用，以及为何自控力如此重要。

TOP14. 《滚蛋吧！肿瘤君：我与癌症斗争的一年里》作者：熊顿

由熊顿本人创作，以她治疗的过程和内心感触为素材，讲述了一个癌症患者笑对生活的感人故事。

在睁眼就是治疗室，入耳就是化疗、吃药、体温、白细胞增减的环境里，她乐观地记录了自己的每一段经历，用画笔细心捕捉了来自父母、亲人、朋友的关怀和生活中的点滴感动。

一个风趣幽默的漫画家，在经历疾病给她带来的天翻地覆的变化后，仍旧用令人难以置信的坚强和幽默风趣的自嘲泰然处之。

相信看完这本书的MM，都会留下人生中最珍贵的东西——信念，也能从中获得积极面对人生挫折的正能量。阅读此书，读者能感受到这本漫画簿子，已经与她略显脆弱的生命融为一体。

TOP15.《给樱桃以性别》作者：珍妮特·温特森

17世纪，英国查尔斯二世时期，在臭气熏天的泰晤士河旁边生活着一个女巨人。她丑陋、孤独，和很多狗生活在一起。

有一天，她在河岸边看到了一个弃儿，便将他收养，并给他一条河流的名字，叫约旦。约旦和女巨人生活在一起，直到遇到了国王的园艺师。园艺师将他们带到了温布尔顿，让约旦学习园艺。

后来，约旦追随园艺师前往百慕大群岛，一个据说是离天堂最近的地方。一路上遇到了很多奇怪的人和事情：十二个跳舞的公主，每个公主都在讲述着她与自己丈夫的故事；遇到一个视爱为瘟疫的村子，因为爱，所有的人都死去，只剩下一个僧侣与一个妓女。

与此同时，约旦的母亲——女巨人在保皇党的鼓动下，对杀死国王的清教徒进行疯狂地复仇。

作者温特森是个超棒的文字魔术师。持续阅读那些难以置信的故事时，她让我们相信，想象的力量可以改变我们感知的方式，从而使我们的生活变得鲜活。

TOP16.《一个人住第五年》作者：高木直子

知道高木直子，是一个很偶然的机会。感觉自己的生活跟她描述的有太多太多的相似之处。一个人在陌生的城市工作生活，可以优哉游哉，也要为这种优哉付出些代价。

一个人生病，会无比想念家人；一个人外出吃饭，会避开那些让自己感到孤单的地方；一个人的时候，也会想要改善居住环境，同时，又因为自己的不坚持，慢慢地恢复原样；一个人的时候，时光是寂寞的，可是努力生活也是美好的。

TOP17.《食品真相大揭秘》作者：安部司

黏糊糊的废肉加上三十种添加剂，就制成了好吃的“肉丸”；“奶精”

不含一滴牛奶，而是水、油与添加剂的混合物；“健康饮料”是用虫子碾碎后提取出来的色素染成的“色水”；切好的蔬菜在消毒池里被一遍遍消毒后装好袋，就变身为“健康”的蔬菜沙拉……好看的颜色、好吃的味道，都是添加剂做出来的。这本书告诉你你根本想象不到的食品加工背后的真相，教你怎样选择真正的好东西。

TOP18. 《只愿你曾被这世界温柔相待》作者：水木丁

这是一本温柔的书，又同样是一本充满力量的书。书中收录了水木丁近年来所写的随笔五十余篇。正如作者在序言中所说：“这本书，记录的是生活的绝望和生命的愿望，记录了那些对我影响深刻的电影是如何让我在生活的黑暗之中看到了生命的美丽。”

作者站在每个电影角色背后，说他们想说的，以及她自己想说给读者的话，其实讨论的是关于情感、人性、生死等具有普世性的话题。在这些阐述中，又很自然地结合了作者个人的生活经历、情感回忆，所以，这本书有着浓烈的个人色彩、独立的风格和深刻的思考。

《只愿你曾被这世界温柔相待》，无论在装帧设计，还是内文上，呈现给读者的整体感受是温柔：温柔地对待自己，温柔地对待他人。而这样一种温柔，是宽容、信念、坚持和勇敢一同炼成的。

TOP19. 《我的100件时尚单品》作者：尼娜·加西亚

一本值得每个女人珍藏的风格指导用书，美国《ELLE》杂志主编历数时尚界最经久不衰的实用型单品。

尼娜·加西亚运用自己成熟的时尚智慧和坚定的时尚哲学，回答了一个她最常被问到的问题：哪些才是时尚界最经久不衰的实用型单品？不仅如此，她还绘制了一张囊括了全球风尚品牌及潮流店铺的购物地图，方便爱美女性安排购物旅行，或者是整理她们也许还不够完美的衣橱装备。

尼娜·加西亚在书中一一历数了她认为历经时尚风云变幻仍旧充满魅力的一百件时尚单品,值得每一位希望打造自己独有气质的女性细心品读。

值得一提的是，全球著名时尚插画家鲁本·托莱多还为本书绘制了多达几百幅的迷人手绘插图，使本书更具魅力。

TOP20.《婚姻是女人一辈子的事》作者：陆琪

作者作为怀揣女权主义的男人，毫无保留地剖析了男人的弱点，告诉女人应该如何分辨男人的爱情，如何掌控男人，如何获得幸福的婚姻。

事实上，男人和女人是两种完全不同的动物，用女人的思考方式，永远也了解不透男人。所以陆琪以男性背叛者的角度，深刻地挖掘男人最深层的情感态度和婚姻方式，让女人能够有的放矢、知己知彼，不再成为情感掌控的弱者。

TOP21.《拿工薪，三十几岁你也能赚到600万》作者：安德鲁·哈勒姆

“草根巴菲特”手把手教你做百万富翁——致富很难，他怎么能轻松做到？

一个私立学校的英语教师，只领微薄的薪水，何以在十年不到的时间里，变身为现金资产超过六百万的富翁？安德鲁·哈勒姆不是“富二代”，也没有专业的投资背景。他从不过度消费，十九岁开始投资，遵从一些简单易循的原则，三十几岁就拥有豪车别墅，百万家财。

致富很容易，为何财却不理你？月入六千块钱，为何仍然入不敷出？省吃俭用，工作三五年为何还是存不到钱？已经开始理财，为何账户收益甚微？

也许你能在这本书里找到原因：尽早投资，对自己花掉的每分钱负责，每年花六十分钟调整投资组合，购买指数基金，远离理财顾问。投资早走一小步，财富多跑一大步！

TOP22.《上班族小奥的千万富翁养成记》作者：小奥

和很多人一样，大学毕业，无权无势的小奥应聘到外企，成了一个所谓的小白领。他租了间小房子，每天挤着公交风尘仆仆地打卡上班，时常加班到半夜。早出晚归，披星戴月，换来的也不过是一个月两三千块钱的工资。

月光族、啃老族，这些帽子都重重地扣在了他的头上。他心不甘情不愿，但是辞职没胆力，兼职没精力，投资没财力，创业没魄力，怎么办？

小奥没有怨天尤人，而是马上行动起来，想方设法改变现状。细心的他留意到了身边潜在的诸多发财机会。经过认真调查，深入分析，充分准备之后，他制订了一套长远的理财计划。一通稳、准、狠的投资理财组合拳打下来，弹指一挥七年间，小奥居然从无到有，硬生生拥有了千万身家。

与此同时，小奥的事业并没有耽误，他将工作与闲暇时的理财实践相互参照、共同促进，终于从七年前一个小小的初级审计员，做到了私募基金投资副总裁。

TOP23. 《女人就是要有钱》作者：刘忆如

这本书会告诉你，一个财务独立的女人在丈夫、孩子、家人与朋友面前都抬得起头来。因为有了足够的经济能力，生命才能够有活力，能够实现自己的梦想。

女性争取财务独立的目的，其实不是在争取主权，而是为了不成为别人的负担与拖累。别将一生的经济需求都依赖在一个人身上。

有很多女性一生只会运用一种理财方式，就是寻找一张“长期饭票”，认为自己的将来必须依附在先生的身上。但是寻找长期饭票，也有财务风险，除了要考虑饭票的“有效期限”之外，你也要承受靠外表吸引异性的“折旧”风险。婚姻当然不是未来绝对的保障。

TOP24. 《女人的办公室》作者：王迪诗

《女人的办公室》一书为香港最神秘专栏女作家王迪诗的最新办公室话题之作。书中，她时而为女人发声，时而为男人辩护。

她是少有的懂得生活的快活女性。快活，源于她懂得自嘲，她把女人世界的孤独完全看透。她以辛辣的文笔，告诉读者何为“王迪诗式”的生活态度。黑色幽默的文字，让人笑中有泪。和王迪诗一起，痛骂公司“女皇”，笑看身不由己的工作风云。

TOP25. 《女编导的魔幻世界》作者：晨雾

如果你看穿现实，那么一定要进入电视台，因为这里是天堂；如果你满怀理想，那么一定要远离电视台，因为这里是地狱。

为了实现“做中国最有深度的记者”的理想，齐小米义无反顾地从报社辞职，进入了ZNTV，从风光无限的首席记者沦为令人鄙夷的菜鸟编导，从收入稳定、吃穿讲究的精致小资白领沦为生活毫无保障、捉襟见肘的“电视民工”。

但无论是冷嘲热讽还是明枪暗箭都无法阻挡小米追逐理想的热情。勤奋倔强的她一路过关斩将，从对电视一无所知的门外汉成为首屈一指的独立编导，从备受冷落的“隐形人”成为众人争抢的“香饽饽”。然而，四面埋伏着小人和流氓的ZNTV绝非理想主义者的容身之地。谣言、阴谋、欠薪、裁员、性骚扰、潜规则……如影随形，防不胜防。

独善其身还是随波逐流？以卵击石还是继续忍耐？这是每个女人在面对这些局面时都要思考的问题。

TOP26. 《走！到二线城市去！》作者：唐凯琳

成功，一个在一线城市并不成功的白领，因为女朋友的移情别恋，冲破了出走的临界点，逃离了让他无奈的大城市。

他回到全江市，接受了高中同学的接济，当起了一个濒临破产的杂志的主编。一个“白领是候鸟”的成功选题策划，让杂志起死回生，并意外聚集起一群来往于一线和二线的人群。他们从事着不同的工作，有着各自的理由逃离喧闹的大都市，一同撤离在都市围城的城外，找到了重新上路的奋斗激情。

这时候，大城市的“炒房团”尾随而来。在他成功的带领之下，杂志同仁与奔袭到全江市的“炒房团”斗智斗勇，揭开了许多恶性炒房的黑幕。房地产商、财务总监、媒体记者、投资人展开博弈，炒房基金操盘人等一般人闻所未闻的职业也逐渐揭开面纱。同时，他与萧平凡、杨小刀、孙白萍、大炮之间的感情纠纷也趣味横生地展开。

一场白领们的二线城市生活保卫战悄然登场。也许你每天穿梭于冰冷的水泥森林，你频繁与疾病、坏感情、烂生活狭路相逢，你时常默然接受交通堵、房价高、消费高，林林总总的残酷现实，你麻木到已经忘记了自己与原本期许的生活的距离到底有多远。

有一天，你惊觉自己已经在出走都市的边缘，只差一个理性的决定和一声发泄的呐喊。一线城市是现货，二线城市是期货；一线城市有优越感，二线城市有归属感；一线城市适合小众者，二线城市适合生活家。

TOP27. 《与 Queen B 同行》作者：洛非·夏塔塔

几乎每个女孩子都梦想成为 Queen（女王），因为这代表着完美、所向披靡。但是每当我们在职场遭遇不顺或委屈的时候，要我们自己承认错误或不足那真是比登天还难。

这是个抱怨的世界，你可以抱怨遇人不淑、领导太逊、同事太假、命运里的贵人又总是无故缺席，但可惜，对不起，老天还是不会同情你！改变靠自己，职场必须要有规划，而你要做的就是认清自己、改变自己。起码知道自己输在哪里，怎么去赢。

这是一本指导女孩子如何变得更加优秀，但却拒绝隔靴搔痒、纸上谈兵的职场类小说。对于身涉职场的小女生而言，不会有比从自己闺蜜口中言传身教更让她们感觉亲切又易于接受了。

职场可以无朋友，但不能无导师。现实总是残忍的，有时候，你真的需要被骂醒。来吧，完美闺蜜 Queen B 的毒舌嘴巴，会让你在最短的时间内化蛹成蝶，四十五招见证“薪”奇迹。

TOP28. 《活在当下》作者：芭芭拉·安吉丽思

《活在当下》是一本文笔优美、充满诗意的心灵散文集，有爱的能量与发人深省的力量洋溢在字里行间。读起来，对我们的心、我们的灵魂都是一种很好的滋养。

安吉丽思努力在生命的每一个片刻，每一桩人生中都带着爱、带着欣赏、带着觉察去全身心地品味。

保持这样的生活态度，必然会在生活中体会到许许多多别人未曾发现的美妙滋味和人生领悟。生命其实可以被看做一种物质，它是以时间为单位的。

我们大部分人的生命长度看似相近，但是在这相近数量的生命里，我们能够萃取的精华却是大相径庭。生命的宽度与高度完全取决于我们以什么样的态度和方式去活。

安吉丽思在书中给予我们的重要练习，就是从我们夜以继日运转不息的头脑中跳出来，回归到我们的身心。把注意力聚焦在我们的感官，聚焦在我们的心灵，当下的味道自然呈现，生命的喜悦自然浮现。别以为这只是在谈生活的态度，在成为生活美食家的过程中，你的灵性也将获得提升。许多灵修体系的精髓其实就是一个片刻接一个片刻地活在当下，全身心专注地生活。

TOP29. 《化妆品的真相》作者：塞缪尔·爱泼斯坦等

你的无知已经危害到你了！你所使用的唇膏、除臭剂和香皂都含有什么？正如许多其他的化妆品和个人护理品，它们都含有毒的化学成分，人类的研究和实验已证明这些化学成分会扰乱体内激素的平衡并引发癌症。

由于母亲无知地使用了有害的化妆品，尚在子宫里的胎儿就受到化妆品所含的激素、致癌物质及其他有毒成分的侵害，而这种危害将伴随其一生。保护自己，取决于你！

在这本书里，美国癌症防治联盟主席为你破解“美妆”误区，提醒我们注意日常使用的化妆品和个人护理品所含的有毒成分，并教导读者选择安全无害的产品。

TOP30. 《我就是想停下来，看看这个世界》作者：陈宇欣

一个二十二岁的姑娘，在研究生最后一年，放弃了一打工作合约，决定用一年多的时间去一边赚钱一边寻找她心中真正的旅行。

在这本游记里，没有一个接一个的景点狂奔，没有一天一个地方的紧张日程，你看到的是一名旅人所经历的惊奇、刺激和彪悍事：六天火车晃悠完西伯利亚铁路全程；在世界上最北的露营地睡到太阳照屁股；冰天雪地扎入冰水，成为北极裸泳俱乐部第一个中国会员；飞机迫降，从死到生，空难未遂。你会看到沿途一群生动有趣、生龙活虎的人：从地球最温暖的地方跑到最寒冷之处的旅游狂人；在莫斯科做生意十七年，赚钱以供家用的中国大叔；让人永远猜不透醉没醉的小报记者……去认识当地居民和身边的人，和他们打成一片，成为他们生活的一部分，了解他们的喜怒哀乐，聆听他们，体会他们，并通过他们来反思自己。

二、歌单——酒精助兴，音乐助情

这不是我在瞎掰，而是有科学在背后撑腰。据什么什么统计，酒精可以让我们的身体放松下来，尤其适合都有点害羞的小情侣。如果酒精是美女的容颜，让你有先入为主的感受，那么音乐就是性感身材，贯穿整个黑夜场景，让你欲罢不能。

声音到底在整个浪漫的过程中起多大的作用呢？给自己半分钟时间穿越一下，你是否曾被午夜电台里低沉、充满磁性的声音吸引过？你是否曾被岛国某片里的声音震住过？你可以想象一下如果我们在某些时刻自动屏蔽掉音效……你是聪明的，你领会了！

没有音乐的人生是孤独的，没有背景音乐的私密约会是不可原谅的。

你想拥有完美的二人约会吗？你想让对方拜倒在你的小裙裙下吗？COPY 下面的歌单，这是属于你们的夜晚——

NO.1《从恋爱开始》歌手：吉田亚纪子

开场的音乐一定不要太快，禁止狂躁，禁止悲伤，禁止能听懂歌词以避免一不小心触碰到对方匪夷所思的郁闷点。这首日文歌的旋律好听，也够柔和。你们可以在愉快的心情下先聊几句，然后……

NO.2《听身体唱歌》歌手：卫兰

有了一些铺垫之后，就可以听点稍微快的歌了，还是本着愉悦为主。这首歌有点小小的挑逗意味，会让双方都感觉性感起来。

NO.3《漩涡》歌手：彭玲　黄耀明

不知道为什么只要一听到黄耀明的声音我就激情啊！这首歌绝对适合你们，吐血推荐。不说别的，看这歌词：“拥抱着我，从我脚尖亲我，灵魂逐寸向向着洪水跌堕。”

NO.4《堕落天堂》歌手：张学友

这世间有很多快乐，但有一种快乐一定和堕落有关。这是种微妙的感觉，能让人暂时忘记一切，抵挡永恒。人生中的唯一一次去看演唱会，就是去听张学友唱歌。如果有人能玩弄性感，那他绝对是其中一个。这首歌，会让你们一起抵达天堂，当然，堕落也是种美。

NO.5《turn you on》歌手：Paris Hilton

提到希尔顿这个人，就会联想到她诸多的身份和绯闻，这首歌由她来唱简直是完美到极致。在音乐的作用下，你会觉得自己忽然变成了有点小坏的 Play Girl，他也会觉得自己化身为可以 Hold 住全场的那个人。

NO.6《我们的歌》歌手：王力宏

身体疲惫了，精力耗尽了，那就用一首轻松的音乐来收尾吧。不得不承认，女人永远都是需要温情的动物，她总会介意激情过后你有没有照顾到她的情绪。配合背景音乐，将她搂在怀里，说点温柔的情话，给她想要的完美句点。

饮品——生活中的温暖闺蜜

在睡不着的夜里给自己一杯热牛奶，在生理期的时候来杯“五红水”，让自己的身体彻底得到解救。在寒冷的冬天喝杯热可可，也许它不能温暖你的心，但至少可以温暖你的胃。这些甜蜜的饮品，好似温暖的闺蜜，在每一次我们需要它的时候都会陪伴在身边。

五红水

令人生不如死的“大姨妈”如今终于有了解救的方法，有这方面困扰的姐妹不妨试试下面这个饮品，有需要的时候为自己 DIY 个五红水喝一下吧。月经之后一个星期就可以煮来喝啦！

配料：红糖、红花生、红枣、红豆、枸杞。

做法：把这些材料丢在水中煮到熟为止，材料吃掉的话效果会更好。

彩虹水果茶

材料：香蕉、苹果、猕猴桃、梨等各种你喜欢的水果，柠檬片，红茶，蜂蜜。

做法：水果洗净，该去皮的去皮，切成小丁，柠檬切片（两片），水果丁、柠檬片和红茶包都放茶壶里。倒入开水，盖上盖子焖三分钟，让红茶释放出来，然后取出红茶包，（下次泡的时候再放入茶壶中泡几分钟取出）等水果茶凉到不烫手的温度，加入蜂蜜搅匀即可饮用。

百香水果茶

将橙子和苹果各分成两半，一半榨汁，一半切粒，待用。然后将锅中加入大约半锅的水，文火煮到有些沸腾的时候，加入一包柠檬果味茶包。最后加入菠萝酱、橙酱各一匙，再加入少许浓缩果汁和鲜果粒，加入鲜果汁，熄火，倒入杯中就可以饮用啦。

香蕉牛奶

原料：香蕉、纯牛奶、蜂蜜。

做法：香蕉切小块，放进搅拌机。加入一勺蜂蜜，四百毫升牛奶。我用的比例是：一根大香蕉加四百毫升牛奶。因为香蕉本身也有甜味，放不放蜂蜜看各位 MM 的口味。

越南咖啡

在杯子中放入炼乳，在专用的咖啡过滤壶中加一些咖啡豆，然后再倒热水，等咖啡慢慢滴入杯中，和炼乳充分融合之后就能享用咯。

苹果肉桂奶茶

将牛奶和水按照 2 ∶ 1 的比例放入锅中，加一勺半苹果茶的茶叶，用火加热。在煮沸前熄火，用过滤网过滤掉茶叶，加入搅拌好的奶油，根据个人喜好可以加点砂糖，最后撒上肉桂粉。

酸奶水果沙拉

将火龙果、苹果、香蕉、西瓜去皮后切成大小一致的小粒，将切好的苹果放入淡盐水中浸泡，可以防止氧化变黑。把火龙果、苹果、香蕉、西瓜放入碗里，在上面淋上儿童优酪乳即可。水果的品种可按各位亲的喜好选择，颜色尽量丰富一些，品种多些营养也会更丰富。

三、三三电影——二十部独家推荐

电影绝对是女人的好闺蜜，它可以让你独处的时候不再孤单。

1.《勇敢的心》——这是一部伟大的电影，也是我极力推崇的一部电影，是一部悲壮的、融合血泪传奇的历史片。根据14世纪末发生在苏格兰的真实事件改编而成。

2.《肖申克的救赎》——故事发生在1947年，银行家安迪因为妻子有婚外情，酒醉后本想用枪杀了妻子和她的情人，但是他没有下手。巧合的是，那晚有人枪杀了他妻子和她的情人，他被指控谋杀，被判无期徒刑，这意味着他将在肖申克监狱度过余生。

3.《楚门的世界》——一个人从小生活在导演营造的环境里面，庆幸的是最终男主角决定走出这个虚幻的世界。可是我们的人生呢？究竟在被什么所束缚？

4.《美丽人生》——他用尽全力，在集中营的悲惨世界里，为儿子营造了一幕美好的幻想。他告诉儿子，所有的残酷只不过是一场游戏，游戏的奖励是一辆崭新的坦克。于是，他的儿子便有了足够的勇气，熬过那段水火中的岁月。最后，当他坐上盟军的坦克时，他的幸福无可言语，而那种幸福，正是他的父亲用生命为他换来的。他不放弃任何机会为他风雨中的家庭制造哪怕是点滴的欢欣。在路过集中营的广播室时，他冒着危险在广播里呼喊妻子的名字，他想告诉她，他和儿子都还活着。他趁着做侍者的机会，为妻子播放了《船歌》，这首曾经响在他们定情之夜的歌曲，穿过重重迷雾的阻挡，在黑夜里给他的妻子带去安慰，也让他们一家人都鼓起了勇气，共同经历灰暗的时光。

5.《当幸福来敲门》——已近而立之年的克里斯事业不顺、生活潦倒，只能每天奔波于各大医院，靠卖骨密度扫描仪为生。妻子因为不能忍受穷苦的生活，独自去了纽约，克里斯和儿子也因为极度的贫穷而失去了自己的住所。但是他一直很乐观，并且教育儿子不要灰心。功夫不负有心人，凭借自己的努力，克里斯最终脱颖而出，获得了股票经纪人的工作，后来还创办了自己的公司。

6.《海上钢琴师》——男主角1900的整个人生都已经是一场悲剧了。他是一个被人遗弃在蒸汽船上的孤儿，被船上一位好心的烧炉工收养，然而烧炉工在男主角八岁的时候意外死亡。过人的天赋使1900无师自通成了一名钢琴大师，但宿命也令他天然地对红尘俗世深怀戒意。纵使后来遇上了一见钟情的少女，他思量再三后，还是放弃了上岸寻找初恋情人的冲动，永远地留在了船上。即使到了最后，唯一的好朋友马克斯警告他废船将要被炸毁，他也不愿离开，于是从出生开始就没有离开过弗吉尼亚号的1900最终与船葬于海底。

7.《西西里的美丽传说》——1941年，整个世界都被笼罩在二战的硝烟之中，但西西里岛表面仍一片宁和，这里正是男孩雷纳托的家乡。他和所有十三岁的孩子一样，天真、快乐、不安分，对生活充满幻想。终于有一天他遇到了永远改变他生活的女人——玛莲娜。这位漂亮的女人令所有的男人着迷，也令所有的女人妒忌。因为她，男孩进入了一个生命的新天地……

8.《姐弟恋》——片中的女主角是一个独立自主，为了生活努力认真的女性。

9.《金陵十三钗》——在那个特殊的年代中，有一群不为世人所理解的女性，在面对人性的抉择时，她们却毅然选择保护学生，牺牲自己。这部电影充分表达了人性的善与恶、美与丑。

10.《失恋33天》——有些人之所以看《失恋33天》，只不过是给自己一个相信爱情的理由和继续一个人走下去的勇气。但是电影始终都是一片阿司匹林，只能暂时缓解疼痛，生活比电影艰难得多。看完电影，流完眼泪，你心中的那个人还是不会对你有反应。你的世界只和你有关，和任何人都没有关系。

11.《那些年，我们一起追的女孩》——很少看台湾小清新派的电影，我很遗憾在高中时代没有过这样的回忆。但是相信不论谁在看这部电影的时候，都会想起一个曾经走进过自己生活的人。最后婚礼的那一刻，眼泪止不住地落下，虽然是带着笑容，但是多么希望那个吻是真实的。令人心酸又浪漫的故事，生活总是教会我们在无奈中前行。

12.《两小无猜》——当一个人问另一个人“敢不敢”的时候，另一个人必须说“敢”，这就是游戏的规则。小男孩于连和小女孩苏菲的相遇即开始于这样一场孩童的闹剧，一个精美的铁盒子就是他们游戏的见证。一个游戏两人一玩十多年，他们什么都敢，除了承认彼此相爱。十年，人生中究竟有几个十年？而我们，究竟有没有如此幸运，可以有一个“两小无猜的玩伴”？

13.《人生不再重来》——“如果你的内心有不安，那么你还活着。如果你的眼中有对梦想的渴望，那么你还活着。像一阵风一般自由的生活，学着像大海的波浪般流动，张开你的双臂拥抱每一个时刻。生命只有一次，为何不用你的一切去爱它。”

14.《天使爱美丽》——艾米莉有着别人看来不幸的童年，父亲给她做健康检查时，发现她心跳过快，便断定她患上心脏病，从此艾米莉与学校绝缘。随后因为一桩意外，母亲在她眼前突然死去。但这一切都毫不影响艾米莉对生活的豁达乐观。

1997年，戴安娜王妃的去世让她倍感人生的孤独脆弱，艾米莉从此开始了一系列助人计划：包括自闭忧郁的邻居老人，被老板刻薄对待的菜摊伙计，遗失了童年器物的旧房东，爱情失意的咖啡店同事……也许我们都可以做艾米莉，无论面对怎样的困境都能够微笑面对。

15.《曾经》——这是一部由音乐开启的爱尔兰电影。卖花女被街头艺人的音乐所吸引，开始了一段荡气回肠的浪漫故事。他们不是王子和公主，各自有着琐碎的生活，但是他们有个共同点，那就是对音乐的热爱。

在一次合奏中，他们找到了彼此间惊人的默契。这个发现让他们兴奋，很快他们找到了另外的一个同伴，组成了一个乐队，并通过优秀的表现得到了专业人士的肯定。与此同时，爱情也在逐渐萌芽。音乐是这部电影最大的亮点之一，营造了极其浪漫唯美的氛围。

16. 《穿PRADA的女魔头》——初涉社会的安德丽娅来到了著名时尚杂志面试，以聪明得到了主编米兰达的特许，让她担任自己的第二助理。开始的时候安德丽娅感到十分委屈，就算自己多努力工作也无法得到赞赏，经过一位老前辈的指点她便重新改造自己。工作越来越顺，甚至取代了第一助理在米兰达心中的地位。米兰达决定带着这个聪明的女孩前往法国。影片超级好看，超级有爱，同样的，也超级励志。

17. 《自闭历程》——电影源自真人真事，改编自美国动物科学家、自闭症患者坦普尔·葛兰汀的自传。普尔·葛兰汀是当今少数的牲畜处理设备设计、建造专家之一，但是她从小患有自闭症，举止笨拙，缺乏社交能力。

里面让我觉得感动的是其中的“坚持”精神。她母亲对她的不放弃，是一种母爱的坚持；她老师对她的不区别对待，还不断鼓励她，并成为她最尊敬的人生导师，是一种对教育和对人性尊重的坚持；她自己在学业上不放弃，是对自己的兴趣和能力的坚持；她在牲畜的处理设备上不断地研究和改进，是对动物平等的坚持。

“人生就像打开很多很多扇门，门的后面都是一个新的世界。记住，即使你与别人不一样，但你并不比别人差。”

18. 《天堂之吻》——就读于名校私立清荣学园的早坂紫为了不让母亲失望，自幼便以名门大学为目标努力学习，可是自从在高中遇见帅气同学之后她的学习便不断退步。这一天，紫在大街上被打扮怪异的青年搭讪，逃跑中意外昏倒，结果被带进了一间地下酒吧。

这里是矢泽艺术学院服饰科学生们的工作室，这里的同龄人仿佛跟紫生活在完全不同的世界，他们衣着光鲜超前，日常举止又特立独行。为了迎接即将到来的设计大赛，以小泉让二为首的一干人不由分说将紫拉进来并作为模特。紫从最初的抵触、反感，到后来慢慢融入了这群可爱的青年中间。

几年后，紫实现了自己的梦想，成为了一名很红的平面模特。有时候，成功很简单，那就是不断地给予自己多一些的肯定。

19. 《父亲之父女篇》——继《老男孩》之后，这部感人至深的电影持续大热。影片描述的是一个在年轻时非常潇洒，做警察的父亲，常常开着警车（摩托车）去接自己正在上幼儿园的女儿燕燕。父亲逐渐老去，还得了痴呆，长大后的燕燕不再以父亲为荣，很多时候反倒很厌恶他。燕燕结婚的时候，父亲再次开着摩托车出现在婚礼现场……他用一生表达了自己对女儿的爱。

20. 《BIG FISH》——一个美丽的亲情童话。父亲爱德华年轻时，很爱给年幼的儿子讲自己的传奇经历，他自称在阿拉巴马旅行推销时，经历过很多光怪陆离、魔幻荒诞的事情。威尔并不相信，觉得是父亲虚荣和浮夸，父子关系渐渐疏离。

直到父亲得了癌症，不久于人世了，儿子决定回去见父亲最后一面。儿子面对病榻上的父亲时，父亲又开始说他早年的经历：他曾经离开小村庄去大城市闯荡，在途中遇到巫婆和巨人，还一起去了幽灵庄；再后来，认识了一个神奇的马戏团演员，一个亚洲艺人，一条怎么也抓不到的大鱼；还有怎样跟母亲一见钟情，订下终身。

从父亲病弱的气息里，威尔仿佛领悟到了以前从来没有过的感受，也许父亲的叙述有修饰的成分，但在他的心中，那些经历到生命的最后一刻仍是充满激情和想象。而父亲终于在儿子的理解和深爱下闭上眼睛。

四、孤单时，总有一只宠物与你相伴

人为什么要谈恋爱？我想除了爱情瞬间迸发的美好之外，还有一个必须要谈的理由，那就是，我们都很怕孤单。

但是，即使我们有了固定的伴侣，有了婚姻之后，仍然会有大把的独处时间。你的另一半跟你一样，有工作，有朋友，有家人。

所以，我们不能指望爱情将所有的孤独感抹去，也不能指望对方整夜地陪伴在你左右。当我们实在不想面对一个人的时刻时，幸好，我们还有另外的选择——一个可以每天陪伴你，只需要少量花销就可以搞定的可爱宠物。

相信我，养一只宠物并不难，它不仅会带给你很多快乐，还能够帮你省钱呢。想到家中有一个小小身影在等待你，你自然会为了它减少很多在外面玩乐的时间。

如果你的时间有限，平时工作并不清闲，千万不要养大型犬。大型犬虽然带出去会很拉风，但是每天都要遛三次左右，狗粮加上剪毛等七七八八的消费一个月至少要一千五百元左右。想要选择一只既可爱又很好养的动物，就看看下面为你推荐的“省力宠物”清单吧。

推荐1：英短猫

来自英国的小朋友，非常乖巧懂事。我家里就养了一只灰色的英短MM。这个品种的喵星人，因为毛发很短，所以掉毛很少。注意少穿深颜色的衣服，就能避免被沾了一身灰色毛发的尴尬。你只要保证喵星人的碗盘里有充足的猫粮，水杯里倒好干净的水，再在它的便盆中放上足够的猫砂，喵星人有吃有喝又有嘘嘘的地方，才懒得烦你呢。孤单的时候可以将它抱在怀里，天气好的时候也可以带出去炫耀一番。

推荐2：仓鼠

可爱的小仓鼠更是好养得很，只需要给它准备一个舒服的小笼子，准备好它喜欢吃的粮食就好了。养这种小动物的好处就是，你不用担心它平时在家里四处搞破坏。平时这小家伙也相当安静，不可能出现喵星人和汪星人把家里的东西弄得一团糟的场景。

推荐3：迷你兔

学名荷兰兔，性情温顺可爱。跟小仓鼠一样，都是养在笼子里的小动物，不过需要注意的是，兔子的胃似乎不太灵敏，如果不想发生撑死小兔子的惨剧，平时一定要控制食量。

推荐4：小乌龟

很多看似温柔的MM实际上对宠物都有着比较另类的癖好，比如我的闺蜜L就很喜欢在房间里养蜥蜴和蛇，每次我去她的卧室都吓出一身冷汗。当然，L属于重口味，有很多MM都钟情于可爱的小乌龟，养小乌龟几乎不用管它，只要记得经常换水，喂食物就好，就算平时去上班也不用很担心。

推荐5：泰迪犬

大部分MM还是很喜欢汪星人的，养一只既可爱又拉风的迷你泰迪是个好选择。泰迪非常聪明，平时在家也不会太捣乱。缺点就是它很黏人，又很爱撒娇，喜欢寸步不离地跟着你。

·私密心得·

宠物可以在某些时刻让你感觉不那么寂寞，陪你玩耍，跟你撒娇，渐渐地你会感觉它已经成了你不可替代的同伴。但是养宠物一定要有起码的责任心，小动物的寿命都不会太久，所以在它们有限的生命中，请一定要善待。

如果出去旅行有几天不在的话，家里有喵星人或汪星人，一定要把它们妥善安置好，可以寄放在朋友处，也可以送到附近的宠物商店。一般的宠物商店都可以临时寄养，每天的收费大概是五十元左右。

平时要记得给宠物营造一个好的环境，宠物常常“一个人”在家，也是很寂寞的，如果家里再总是乱七八糟的，小动物很容易得抑郁症。还有，不要让喵星人爬高，也不要相信“猫有九条命”这种不靠谱言论。我死党家的喵星人喜欢站在窗口眺望远方，结果一失足成千古恨，直接从五楼掉下去……

宠物在陪伴你的同时，也早已经把你当成了唯一。我们除了它还有很多，可是在它的世界中只有我们。珍惜你身边的这个“好朋友”吧，也许只有它才能真正做到对你生死相依，不离不弃。

五、有固定的消费场所，孤单时有个温暖的去处

小时候我们非常憧憬假期，因为假期就意味着解放加疯玩。长大后我们也憧憬假期，可是憧憬一番之后会发现放假后常常无处可去。街已经逛够了，常去的店也就是那么几家。果真是越大越寂寞，越是长大就越是孤单。

我一直都觉得，一个女人真正开始有独立的意识，是她开始能够很好地享受一个人的生活，一个人吃饭，一个人看电影，一个人逛街，一个人泡书店……

当她可以一个人去完成很多事情的时候，就等于她开始往内心强大的路途上迈进了。对于女人来说，平时必须有几个固定的消费场所，它们会让你在孤单的时候倍感温暖。

想想看，如果你常去一家店，你跟店员或是老板肯定已经很熟悉了，心情不好时，对方的一个笑容，一句问候都会让你感觉到很窝心。在熟悉的环境里，你也不会感觉到无所适从。

想想你平时喜欢去哪里，有什么样的兴趣爱好？

可心很喜欢冬天的时候去温泉会馆，压力大或者心情不好时，轻轻松松地洗个澡，在温泉会馆里待上一天。傍晚的时候走出来，看着拥挤的车流和人潮，想到自己过了这样轻松的一天，无论发生过多少令人沮丧的事情，可心都会觉得那不重要了。

悠悠是个K歌达人，总是会一个人跑去KTV唱歌。很多人都觉得她怪，去KTV哪有自己去的。可是悠悠却有自己的道理：只有一个人唱歌的时候才物有所值，因为会放下面子练习任何没唱过的新歌。

每次悠悠独自去K歌，总会练会很多首新歌，悠悠觉得唱歌让自己感受到了做别的事情所感受不到的快乐。

小文则是很喜欢去一家复古风格的咖啡厅，在这个小小的空间里，小文感觉到一种在别处无法寻到的安全感。这里可以无线上网，不愿意带笔记本就用手机泡网看美剧。咖啡厅每天下午还会播放一部好看的奥斯卡影片。

很多孤单的时光都是在这里被打发掉的：跟男朋友吵架，被那个总是很三八的同事欺负，遭遇父母逼婚……小文觉得这里就是自己避风的港湾。还可以偷偷观察陌生人，猜测在他们身上曾发生过怎样的故事。

天蝎座的周喜是个漫画家，有着所有天蝎座都会有的小调皮。不开心的时候，她喜欢一个人跑到电影院看电影，中途再从A厅窜到B厅。这样让她会有一种恶作剧后的快感。

有一次A厅在放《蝙蝠侠》，B厅放的是《蜘蛛侠》，周喜进了A厅之后就给朋友发微信说，蝙蝠侠真帅。结果看了不到三十分钟就跑到B厅继续看《蜘蛛侠》。结束后朋友发来微信问《蝙蝠侠》好不好看。周喜回答："好看，都吐丝了。"电影院就是周喜的小乐园，花费不高，运气好的时候还能买到黄牛票。

英爱非常喜欢吃西餐，喜欢到每隔三天必须去一次西餐厅，不然就会感觉浑身不自在。但是西餐厅消费会有点小贵，按照英爱去的频率算下来，每个月也是一笔不小的开销。

自认为是资深吃货的英爱，居然找到了一家既便宜又有情调的西餐店，不仅有品种丰富的美食，还可以自己动手DIY比萨、饼干、蛋糕。英爱常常泡在这个店里，久而久之跟老板熟悉起来。老板是一个很会生活的女人，人也很好，每次英爱来她都会拿免费水果给她，英爱也学会了做很多简单的西点。

无论你有着怎样的兴趣爱好，一定要为自己找到孤独时的去处。不管你的心情如何，或难过或沮丧，它都会展开温暖的笑脸，以包容者的姿态将你安慰。

六、重走青春，爆料六大另类新玩法

看电影？K歌？酒吧？亲爱的，你还能不能有点创意了？老是这三样，不被烦死也被腻死了。没地方去？怎么可能，黑夜给了你黑色的眼睛，你得用它们寻找乐趣啊。

热播的《北京青年》中的男女主角们重走了一回青春，让广大观众们羡慕不已，虽然咱们不可能完全模仿，也打包走人，但至少咱可以换换花样，就算在本城，也能玩出不一样的乐趣。

找刺激——漫步丛林

在一个月黑风高的晚上，你们开着车来到夜月潭，一路阴风瑟瑟，气氛诡异。你们坐在车上说着鬼故事，跟鬼玩一个谁比谁先吓死的游戏。到了地点后，如果你们觉得还不够刺激的话，就下车往丛林里面走走看吧！

PS：心脏病患者禁玩。

找年轻——不潮不要钱，广场

如果购物街是小潮人的时尚坐标，那么这里绝对是低碳的潮流的聚集地——玩滑板的，搞对象的，放风筝的，唱歌的，跳舞的，和狗玩飞碟的……想要什么元素都可以在这里实现。偶尔去逛一下，整个人都会青春不少，不仅可以随时加入到各种活动中，也可以让你们有很多话题，不会冷场。

PS：这绝对是展露才艺的大好时机。

找浪漫——旋转木马

“旋转的木马让我忘了伤……”如果你的聊天对象是GG的话，这倒是1VS1玩浪漫的好去处哦。两个人一前一后，小眼神互动，小暧昧走起，想想都很美好。随便谈谈人生谈谈理想啦，好感度指数绝对UP起来！

PS：姑娘千万别穿裙子。

找情趣——DIY游戏

也许你的城市没海，但是有一个酷似海的湖！在这个酷似海的湖周围，有着一个以假乱真的人造沙滩，无论是两个人、三个人还是N个人，都很适合排成一排，除了可以舒舒服服聊天之外，还可以玩活埋游戏，怕枯燥的亲们还可以自带杀人游戏牌、三国杀牌等等。

PS：白天带件外套遮遮阳，晚上带件外套挡挡风。

找活力——激情ING

你压力大吗？老去泡吧，吸一肚子二手烟，喝一肚子不知啥味的洋酒，第二天再对着形形色色的人假假地赔笑，你压力能不大吗？有这时间扮“美少女战士”，还不如拉上三两好友，到体育场激情一下。回归最原始的运动，进行最直接的对话。

找回忆——露台

读书的时候好像都有过这样的经历，那就是三五同学成群来到学校教学楼的露台上侃会儿大山，很多微妙的感情就是从那时候建立起来的。

一次偶然的机会，我和闺蜜来到商业街的某个顶楼，发现那里有一个几近破败的露台，却有着说不出的美。那个晚上我们聊了很多，也想起了很多青春时代发生过的事。星光，城市的繁华，过去的记忆，时而快乐时而伤感的讲述。感谢露台，为我们营造那是个美好的夜晚。

第九章

HOLD住生命，

你必须会的自救法宝＋基本的生存技巧

一、世界很大，你很渺小，保护自己是前提

经历得多了，会慢慢感受到世界带给我们的压力，不再锋芒，不再觉得自己有多强大。有时候我们更像被抛出去的硬币，在空中会有很多姿态，也许会被阳光晃得耀眼，却不知道最终会以什么方式掉落在地面。

是的，我们很渺小，学会善待自己、保护自己，才是美好生活的前提。

作为女性，首先从生理上来讲，我们就比较柔弱，大多数女性的反抗和自我保护意识很差。再加上有些MM的法律意识比较淡薄，想法也比较单纯，缺乏防范意识，经常会因为善良、同情、大意，而给了别人可乘之机，威胁到自身的安全。所以，拥有超强的防范意识才是王道。

当下网购已经成为了时代的主流，网上的东西又便宜又时尚，逐渐成为了大多数MM生活中必不可少的一部分。每天校园门口、公司楼下都会有很多人等着接快递。很多MM都会刻意地在双休日前几天在网上购买自己心仪的物品，这样一来，在周末的时候就可以在家里等着快递员送货上门。其实，这里面的潜在危险很多人都会忽视。

如今快递公司遍布整个城市，竞争激烈，快递公司的工作人员更是数不胜数，很多不法分子就混杂在快递员之中，假借送快递的名义，敲开房门然后伺机抢劫，这样的案例在城市中屡见不鲜。

虽然时不时会发生这样的事，但是大部分MM并未因此警醒。享受快递业务给我们带来的便捷时，我们也应该防患于未然，避免意外的发生。在网购之后，我们在网上很容易就能查到货物的动向，由此可以判定大概什么时候会送到，而且是由哪家快递公司负责送货的也一目了然。其次，在快递员敲门送货的时候，一定不要急着打开门，先要询问好对方所属快

递公司是否和自己订单上的快递公司一致，并通过猫眼确认对方是否是一个人。当一切信息吻合后，再开门签收邮件，这样才能确保万无一失。

随着时代的进步，我们不再仅仅满足于物质生活，我们渴望旅行，渴望走在路上，也渴望看看外面的世界。身边会有很多朋友，都很沉迷驴友论坛。这个论坛之所以吸引他们，是因为注册的会员很多，规模很庞大，看似也很正规。

很多人都成功参与过几次论坛上组织的驴友旅行。其实，旅行对一个城市中生活的人来说非常重要，它能够让我们忘掉工作上的烦恼和生活上的压力。背上行囊参加驴友行，是充实自己、净化心灵、重新树立价值观的最好选择。可是网络毕竟是虚拟的，网站为了扩大知名度，不会对每个会员都严格审核。驴友行看似时尚、新颖，却也危险重重，这是我们不得不注意的。

我们可能哪天打开论坛，会看到某个炒得发烫的帖子，也许是组织去某个地方的旅行，帅哥美女纷至沓来。在美好的假期里，你当然也会很有兴趣加入其中，被其中邀请的文字和诱人的照片所吸引。你会相信这会是个美好的旅行，会让你认识很多新朋友，得到意想不到的收获。

可是亲爱的，你真的清楚参加这次旅行的都是些什么人吗？你真的清楚要去的地方是否安全吗？

结伴旅行这样的事，并非儿戏，我们需要谨慎对待。要了解清楚这次出行的目的地是否安全。因为大多数人，包括组织者（驴头）并不是专业人士，所以如果去一些比较偏远的地方，会存在一定的潜在危险。还要搞清楚会有多少人参与出行，通过“驴头”大致了解团队成员，最好是参加一些非营利性的驴友出行活动，大家的支出一定要公平透明，不会因为利益而闹出不愉快，酿出危险，这样才能更好地享受纯粹的精神旅行。

生命是漫长的，也充满着未知和意外，等危险到来的时候，我们再想防范将为时已晚。所以对身边发生的事加强注意和警觉，确保自己的身心利益不会受到伤害，我们才能从容地把握生活，享受生命中的每一份快乐和美好。

二、不得不看，八大女性危险场所

天性柔弱的我们都曾幻想过这样的场景：无论是走在夜路上，还是挤地铁，都希望身旁能够有个高大帅气的他保驾护航。如果能够有个人时刻伴随左右，保护自己，我们就会觉得很有安全感。

可是，即使你有一个高大威猛的男友，也不能保证他在你每次独自回家的时刻都会在身边保护你。你总会有落单的时候，所以更重要的是，我们必须学会如何保护自己，面对潜在的威胁时，必须学会让自己险中脱逃。

下面的八大危险场所，请各位 MM 小心避让——

危险场所 1：高层建筑物的顶层露台

也许你很向往高层建筑物的顶楼，那里既可以看到美丽的夜景，又非常安静。心情不好的时候，你会选择一个人去那里坐坐。可是，夜深人静时，顶楼往往潜伏着危险。一旦遇到不法分子，你的人身安全就很容易受到威胁。顶楼好似悬崖，几乎无路可逃。真的喜欢那里，你可以选择和另一半或者朋友一同去。

危险场所 2：老旧的楼道

不要去陌生的楼道里，这也是“色狼”藏身的好去处，每年都会发生几起类似的事件。所以独自居住的 MM 一定不要吝啬房租，尽量住在有二十四小时保安，有密码门的小区里。虽然多花了一些租金，但至少可以保证人身安全。

危险场所 3：密闭大厦的走廊

这种一眼望不到头的走廊总是会令人毛骨悚然，想想看，如果有一个身影一路都在尾随你，在这种幽闭的走廊中是不是会很恐慌？尽量不要独自走在这种地方，如果真的有文件需要送达，也要找个男同事陪你一起去。

危险场所4：无人管理的洗手间

尽量不要去设施简陋、无人管理的洗手间。选择那些有管理员的洗手间，会让你的安全得到保障。

危险场所5：无照明设备的狭小胡同

这种狭小的胡同也是危险所在，道路往往不够平坦，周围也很少有住户，如果有危险状况求救都很困难。

危险场所6：停车场

很多电影中都会有人在停车场遇害的场景，那儿的确是个很危险的地方，尤其是地下停车场。有车的MM尽量在地上停车，即使没有车位必须在地下停车，也不要独自一个人取车。

危险场所7：公园、灌木丛

公园虽然总是有很多人，但同时也存在了很多“死角”，因为场所过大，尤其是夜晚的时候，千万不要选择一个人独行。灌木丛也是跟踪狂喜欢藏身的好地方，有些MM喜欢晚上一个人去附近的公园跑步，千万要小心，尽量待在人多的地方。

危险场所8：小旅店

如果是一个人旅行，尽量选择比较大的宾馆。不要独自去那种很便宜的小旅店，这种小旅店往往鱼目混杂，财物、人身安全都得不到保障。不仅如此，还有可能遇见“怪叔叔”。所以，选择一家管理好，安保措施好的宾馆才是一个人旅行时的首选。

如何脱险的小贴士：

约会前尽可能将约会对象、时间、地点及预定回家时间告诉家人或朋友。

赴约前，对整个约会的行程要充分了解，对不恰当地点应拒绝。

最好对第一次约会对象的基本背景资料有所了解。

与对方共进餐宴时尽量不要喝酒。

不要任意饮食不明食物或饮料。

注意约会时间，不宜过早或过晚。

约会地点要尽量开放、安全，最好是由女性提出并熟悉的场所。

若临时变更行程，应以安全为第一考虑的因素。

最好不要单独前往对方住宿地点赴约，切忌去对方家里。

三、险境脱逃，智取“跟踪狂人”

如果你总是独自一人回家，或者独自一人居住的话，就很容易招来“跟踪狂”，他们的目标往往是你这种外表柔弱，又总是独处的年轻女性。所以，警惕“跟踪狂”也是每个MM保护自己的必修课之一。通常，“跟踪狂”都会用以下方法接近你——

收集你的信息

他们可能会从垃圾箱中翻找你刚刚丢掉的垃圾，或者从你的信箱偷取信件。你在超市购买物品后的信用卡消费账单如果丢弃的话，他们也可以在上面寻找到蛛丝马迹，继而锁定你的资料。

跟踪你去任何地方

通常，跟踪狂都不会满足于只知道你的家庭住址，他们还会跟踪你去别的地方，掌握你的生活规律。

一旦他们掌握了规律，知道你几点回家，几点上班之后，就很有可能开始行动。有可能会趁你不备将你拉到暗处，也有可能在你开门的时候闯入房间袭击你。

我们该如何应对“跟踪狂”呢？希望下面的办法可以帮助到你——

不要走同一条路回家

对你有兴趣的跟踪狂一般都会事先调查、跟踪、潜伏，然后等待你的出现。如果每天走同一条路，就等于告诉了对方你的行踪。你可以多找一些回家的路，一旦发现有人跟踪自己，立刻告诉家人或者朋友，或者去他们的住处待一段时间。

别去同一个超市购物

如果你常常去同一个超市，“跟踪狂”就能很好地掌握你的动态。从你购买的物品就能很容易分析出你是否独居。别在半夜跑出去买东西，这个时间出去实在很危险。

消灭掉个人信息

“跟踪狂”会对你的所有信息都感兴趣，所以，保护好你的隐私。收款单和书信等有住址、电话号码、电子信箱等信息的垃圾最好撕碎后再丢弃。信箱如果没有锁，就自己安装一个。还有，千万不要轻易地告诉别人你的电话号码或者电子邮箱。

随身携带防狼喷雾

有段时间因为总是加班，我就自制了防狼喷雾。辣椒水加洗洁精，放在可以喷的小瓶子里，随身携带很方便。虽然一直没有派上用场，但是把它放在包包里就会有一种安全感，走起夜路也没有那么害怕了。

按下所有的电梯按钮

如果你发现有可疑的人跟你一同乘坐电梯，就多按几个电梯按钮，在下一层的时候赶快走出电梯并且离开。最好不要跟陌生男子一同乘电梯，这无疑是给“跟踪狂”创造机会。

需要注意的是，如果我们不得已和“跟踪狂”正面交锋，一定不要激怒他，智取才是硬道理——

千万别骂对方

跟踪狂往往都很自大，非常以自我为中心，你越是骂他就越是容易激怒他，也很容易激起他更强烈的征服欲。

别对他微笑

不要让他有一种你对他也有好感的错觉，这往往会让他做出一些更过分的事。在你发现对方有“跟踪狂”特质的时候，一定要对他一冷到底，即使他跟你讲话，你也不要回答。

别不忍心拒绝

你可能会觉得“我现在工作很忙”、“不好意思，下次吧”这种话是委婉的拒绝方式，可是他未必会这样想。这种所谓的委婉，会给对方造成一种他还有机会的错觉。

四、独家打造，属于你的爱心病例簿

最凄凉的事情不是失恋，更不是失业，而是你独自在家，没有吃的，没有喝的，而你却病了！人在生病的时候就会变得很脆弱，负面情绪什么的全都跑出来骚扰你不说，拖着病痛的身体躺在床上，不能工作也不能外出，这种局面要多惨有多惨。

所以，我们必须学会在生病的时候照顾自己，只有把自己照顾好，我们才能够更好地照顾身边的人。

其实，很多病症都是由于平时不注意保养身体引起的，很多MM即使发现自己生病了，也不肯去就医，觉得生小病去医院很没必要，很容易就把发烧拖成了肺炎。如果能够把那些很容易找上门来的“小病”症状记住的话，我们就不会在生病的时候乱吃药，只有对症下药，病才会好得快。

对于周边的医疗设施状况，自己心里要有大概的了解。尤其是那种二十四小时都会开急诊的医院，还有附近的门诊部，记住他们的位置。你最好给自己准备一个小药箱，里面放些退烧药、止疼药、创可贴之类的急救药物。

小药箱常备物品清单

感冒药：发现自己感冒的MM不要老幻想着挺一挺就过去了，挺出了炎症很容易就会发烧。感冒了需要及时吃药，注意多加衣物，多喝热水。

消化类：很多MM都会感觉自己的胃不太好，这跟平时的饮食习惯很有关系。不要暴饮暴食，也不要饥一顿饱一顿。多给自己准备点健胃消食片，不舒服的时候吃点会好很多。

止疼药：有一个叫必理通的经期止疼药效果很好，受痛经困扰的MM可以在家中存放起来。还有管头疼、牙疼、神经疼等的止痛药物，当你被疼痛所困扰的时候，它们会让你的症状暂时得到缓解。

清热剂：清热剂能缓解牙疼和头疼导致的发烧、发热症状。需要注意的是，不能短时间内连续服用。

肠胃药：腹痛和腹泻也是我们常常会遇见的状况，遇见这种情况先给自己吃点肠胃药。但是如果感觉到恶心的话，有可能就是肠胃感冒了，这种情况最好马上去医院。

消毒液：如果不小心划伤了，要立刻用清水清洗伤口，然后用消毒液消毒，贴好创可贴，这样才能更快痊愈。

体温计：家里要准备一个体温计，感觉身体发热的时候马上测试一下，就可以知道自己是否发烧。

准备好自己的小药箱还是远远不够的，对于平时很容易找上门的病症，我们最好有个清醒的认知。比如，很多MM根本分不清楚什么是感冒，而什么又是流行性感冒，它们两个的症状有点类似，但是流行性感冒往往来势凶猛，如果得不到重视，后果通常会很严重。

所以，下面我就对这些病症做个盘点：

流行性感冒

四肢乏力，咽喉痛等感冒症状，还会发烧，看起来和普通感冒很像，所以往往不被重视。所以，要分清流行性感冒和普通感冒的区别，在病情恶化前采取应对措施。

流行性感冒和普通感冒的区别：感冒多始于咽喉疼痛，流感则多始于畏寒、头痛；感冒时，症状通常是逐渐加深，而流感多是突然出现发烧和关节疼痛；感冒发烧平均体温在三十七点五度，而流行性感冒则会出现三十九度到四十度左右的高烧；普通感冒很少会引发肌肉疼痛，而得了流行性感冒的亲们通常会觉得全身关节和肌肉都充满痛感。流行性感冒的症状会比感冒时严重一些，有时还会伴随恶心和腹泻。

脑膜炎

脑膜炎也是感冒严重时可能引发的一种疾病。它的初期症状多为头痛，所以很容易被误认为是感冒。如果疏忽大意，病毒很可能逐渐侵入脑膜而引发脑膜炎。

脑膜炎的特征：发烧三十七度到三十八度左右，病情严重的话会出现痉挛。并非突发性头痛，而是长期持续的压迫性的顽固头痛。弯腿坐下的时候，脖子和头部僵硬，有时脖子甚至不能向前弯。先是感觉到轻微头痛，一两天后症状加重，感觉到恶心。

结核病

最近患者人数增多的结核病，也是容易被误认为感冒的一种疾病。在很久以前，结核病多半会导致死亡，现在可以用药物治疗。结核病是传染性疾病，为了防止传染给其他人，及早发现及早治疗很重要。

结核病的特征：持续低烧是结核病的特征，如果低烧持续两周以上，就有可能是结核病。会持续干咳，随着病情加重，甚至会咳血。身体总是感觉很乏力，长期处于倦怠的状态，稍微运动一下就会感觉很累。每天傍晚都会出现低烧，睡觉的时候会盗汗。

肺炎

感冒严重时会诱发肺炎，这通常是由于感冒严重时没有治疗而引发的。感冒时身体虚弱，病毒和细菌就会趁机入侵肺部，导致肺炎。

肺炎的特征：剧烈咳嗽，伴随着高烧，逐渐会感觉呼吸粗重，频率加快。痰多也是肺炎的一个特征，患上肺炎会有黄色、绿色或者铁锈色的痰，有时甚至有血痰。还会感觉呼吸比较困难，持续剧烈的咳嗽，病情恶化以后，会感觉呼吸困难，胸口痛。呼吸时感觉喘不过气来，全身的肌肉和关节疼痛。

食物中毒

吃了不卫生的路边摊，或者心疼剩下的饭菜……一不小心我们就会中招。沙门氏菌是寄生在动物身体或粪便上的一种细菌，它可以在人体内潜伏八到四十八个小时，因此感染后不会立刻出现症状。食用被动物粪便污染的食品会感染大肠杆菌，尤其是饮用水需要格外注意。这种细菌的潜伏时间是五到十天，因此，有时候吃过感染了的食品要过十天左右才会发病。

食物中毒的特征：会感觉恶心，腹痛，腹泻，发烧，呕吐。

胃溃疡

患胃溃疡的主要原因是人的精神压力过大。因为，精神压力过大就会导致胃黏膜和黏液的功能减弱，胃酸就会趁机腐蚀胃壁造成胃溃疡。

治疗胃溃疡多半需要使用药物，但如果是由于压力产生的，首先要消除产生压力的根源，调整生活节奏，才能从根本上解决问题。

胃溃疡的特征：肚脐上方的胸口附近有压迫性的疼痛，主要原因是精神压力。饮食上需要注意的是，少吃高脂肪、刺激性强的食物，这些食物容易引起消化不良、胃液分泌过剩。

乳腺癌

千万不要认为这种疾病跟年轻 MM 无关，近年来，乳腺癌的发病年龄正在逐渐降低。很多没有生育的未婚女性和胖 MM 患乳腺癌的几率也很高。乳腺癌的初期症状，乳房里会有硬块，皮肤也会凹陷。这些症状都是可以自查的，平时就要多多注意。

乳腺癌的特征：乳房里会有硬块，触摸起来并不感觉疼痛，按压的时候也不会移动。由于癌细胞进入乳房周围的组织，皮肤会形成酒窝一样的凹陷。脖子和腋下的淋巴肿大，癌细胞进入乳腺会使乳房发红，有时还会伴有发烧的症状。虽然不痛不痒，但是乳头会产生一些茶色或者红色的分泌物，并有溃烂，所以比较容易发现。

子宫肌瘤

由于遗传等体质的原因，二十多岁的女性也有可能患上子宫肌瘤。即使是很小的肿瘤，如果不管不顾的话，也很有可能会影响怀孕和生育。子宫肌瘤可以通过血液和超声波检测出来，如果担心自己有这个问题，最好每隔半年就去做一次检查。

子宫肌瘤的特征："大姨妈"来的时候，会感觉量比平时要多，尤其是"大姨妈"已经来完，却仍旧有出血的迹象，就要格外小心了。

阴道炎

妇科疾病也是经常困扰女性的“讨厌鬼”，而且反反复复，不易根治。所以平时我们就要多注意卫生情况，小裤裤要经常换洗。平时也别养成用洗液的习惯，因为洗液容易破坏我们自身的免疫系统，清洗的时候用清水就好。

阴道炎的症状：感染念珠菌阴道炎时，分泌物会呈奶酪状；感染滴虫性阴道炎时，分泌物则为黄色或者黄绿色的浓状，常伴有臭味和泡沫。

·私密叮咛·

女人的痛与痒

你知道吗？身体有时也会发出自己的声音，无论是低婉还是激昂，它也有自己特殊的表达方式。你可以从翻开书的这一刻起，就静静地把眼睛闭上，深呼吸，亲切而充满爱意地倾听来自身体的声音……

我们如果要远离外界的侵扰，摆脱疾病的苦痛，让自己变得挺拔、轻松、舒展、富有活力，那么我们就应该懂得我们身体的特殊语言，去感受到它最愉悦的呼吸，让你倍加爱护自己，爱自己的身体和心灵。

女人的痛与痒与男人有关

虽然我不喜欢女权主义，但是我仍然喜欢谴责男人，尤其是那些不知道女人的痛与痒的雄性动物。其实男人们没有理由不去关心自己的另一半，女人的痛与痒为什么非要女人独自承担，男人们难道不应该为此感到内疚吗？

按照柏拉图《会饮篇》的说法，男人和女人本来是一体的，但是为了削弱人类的力量，人类被众神和宙斯劈成两半，所以从那时起每一半都奔走东西，急切渴望找到他的另一半。

看！这就是我们人类真实的爱情。可是现在那些男人们完全忘记了对女人应该负起的责任，总是在渴望进入女人的身体，却从来也不好好地关心下自己的另一半，她们的痛、她们的痒。

从远古的时代，人与人彼此相爱的情欲就种植在人心里，它要恢复原始的整一状态，把两个人合成一个人，医好从前截开的伤痛。但是从女人的痛与痒来说，这似乎并不公平，伟大的女人们承受了本应该由两人一起来承受的东西，比如月经。

心如刀割——30岁的云栎说，有种痛来去无踪

我在一家建筑公司工作，是技术骨干之一。近两个月，由于要赶做一个项目，便加班加点地埋头工作。但在几次与上级领导沟通的过程中出现意见分歧，我就觉得像有一块无形的大石压住胸口，喘不过气。

在一次与领导沟通时，我突然感到头痛剧烈、心跳加速、直冒冷汗，同事们见状忙把我送往医院救治。医生详细地检查后并没有发现任何身体病变，继而转往心理专科。心理医生询问许久，确诊我是由于工作压力大，过于紧张，这种压力就转变为头痛、胸闷等躯体不适。在经过一段时间的休息调理后，痛症有所缓解。但这种情形在以后工作稍有压力时就会出现，像颗炸弹一样不定期地发生爆炸。

身体：读懂有关疼痛的表情

疼痛的独白：我是疼痛，对身体的隐患可谓了如指掌，有人说我是病痛的一面镜子，也有人说我是残害身体健康的阴险杀手。说起来我还真是委屈极了，要知道我是身体对有害刺激的最直接感觉，并且还是很多疾病的前兆。

所以，我根本就不是什么身体健康的杀手，我是为身体预警的大喇叭，以下是我的十种化身，大家可要看仔细了，我并非引起那些疼痛的根源。

1. 癌症引起的疼痛：当身体的某个部位出现肿块，或是淋巴、肠胃、胸腹膜处有疼痛感，可千万不要忽视，这很可能是癌症病变前兆和一些致痛物质的增加，从而引起疼痛。

2. 妇科疾病引起的疼痛：水肿、腰骶部疼痛、盆腔部下坠感、分泌物增多、灼热感，并伴有尿痛以及性交痛等症状。这时你可要注意了，一定要去医院妇科做个检查，很有可能是宫颈炎、阴道炎和盆腔炎这三种常见妇科炎症之一。

3. 乳房疾病引起的胀痛：经期以外的时间段，乳房经常出现胀痛或针刺样，有时会牵及同侧腋下或肩背部，因疼痛不明显而常常被忽略。这种症状很可能为增生性病变。甚至有时，乳房尚无明显疼痛感，而仅表现为一侧腋下或肩背部疼痛，则也有恶性病变的可能。

4. 痛经引起的疼痛：痛经一般是很正常的经期疼痛，但在三十岁以后，出现继发性痛经就要注意了，那是因生殖器官发生了器质性病变，子宫增大，活动受限，附件增粗或片状增厚出现压痛，所以要及时做妇检。

5. 宫外孕引起的腹痛：如果下腹一侧有撕裂样或阵发性疼痛，并伴有恶心呕吐，刺激膈肌时可引起肩胛部放射性疼痛，这种症状一出现，要马上去医院医治，这是输卵管妊娠破坏时的主要症状。

6. 下颌关节炎引起的疼痛：经常牙痛、头痛，或是在咬东西的时候感觉不舒服，下颌有脱臼了的感觉，或者是无法将嘴巴完全张开、闭拢，这种症状很有可能是下颌关节炎。

7. 胃酸过多带来的疼痛：你会在半夜被胃疼醒，但是进餐之后疼痛会消失。这是由胃内的有害细菌数量增多导致胃酸分泌过多引起的，及时就医可避免胃病的进一步发展。

8. 妇科炎症引起的腰痛：很多女性朋友都有腰痛的“老毛病”，很多人都误认为是腰椎方面的问题。而事实上，月经病、带下病、妊娠病、妇科杂病以及节育手术后遗症等，均可诱发腰痛。

9. 颈椎病引起的疼痛：经常会觉得颈部疼痛，睡觉经常落枕，或是总感觉颈椎部分的骨骼有响动，这些症状很可能是颈椎病。要及时到医院拍片子，变成慢性病就不好医治了。

10. 神经官能症引起的疼痛：经常出现头痛、腹痛或有阵发性肠绞痛，主要位于左下腹，腹痛的发作和持续时间虽不很规则，但多数在早餐后发作，这是最典型的肠神经官能症。应及时医治，否则转为继发性神经痛就麻烦了。

暖心提醒：有15%的女性遭受着不同程度"慢性阴部疼痛"的侵扰。慢性阴部疼痛通常在二三十岁的女性中比较常见。症状包括烧灼感、痒、发炎肿胀，还有阴部刺痛，有时甚至在直肠周围也有痛感。如果你有疼痛的症状，一定要请专业医生做出诊断，弄清造成疼痛的原因，然后制订出合理的治疗方案。

疼痛延伸——深藏不露的心理疼痛

中医经典《素问》早有"诸痛痒疮，皆属于心"的诊断。痛与痒的感觉是人体的自我保护功能，使之在受到伤害时主动避让，免于损伤；痛痒在内的感觉功能主要受"心"的指令和控制，完全与精神情绪有关，同样一个人，心绪安定愉快时，可能不痛或疼痛轻微，而焦虑急躁时也许会让疼痛不可忍受。

心理疾病六成有痛症反应：焦虑症、抑郁症、更年期等都表现出神经衰弱、酸痛、游走神经痛等痛症。尤其处于亚健康状态的人，出现没精神、疲劳、无食欲等表现，而继续疲劳下去就会产生心理问题，引起痛症。

压力大会导致疼痛：当一个人遇到困难，急欲回避、摆脱矛盾的紧迫心理会产生压力，进而就可能会转化为疼痛，所以有90%的疼痛是查无原因的，全是压力所致，会出现头痛、脚痛、痉挛等症状。

疼痛的强弱与个性有关：社会竞争加剧、生活节奏加快，就会导致个人心态的改变，心理冲突表现较为突出。继而出现各种急、慢性的身体反应，如出现没有原因的心绞痛、肝痛、胸痛，当问题长期存在时，会继而出现实质性的病症痛症，如紧张性头痛等。

小贴士——教你如何摆脱

1. 进行心理治疗。增强自己的自信心，改变对生活、工作的不良看法，遇到问题、烦恼时要学会倾诉和发泄，把目标转移到自己感兴趣的事上。

2. 摆正心态。当环境改变时，凡事不要要求太高，要适可而止。

3. 运动疗法。如散步疗法，调节好每日作息时间，该工作时工作，该休息时休息。

4. 求助心理医生。可结合按摩、水疗、脑功能保健、电磁疗法、光电子疗法等辅助治疗。

越挠越痒——26岁的晓米说，谁能把痒叫停

事情还要从我考研究生那年说起，当时我和几个也在准备考研的女生合租了一个房间。那个房间里房东留下了一台旧的洗衣机，有脏衣服的时候就用它清洗。每次为了节省时间，我就把所有的脏衣服一起放进里面，袜子、内衣什么的也没细分。

一天晚上，我正看书，突然觉得下身非常痒，就用手去挠，以后的几天又出现几次，我也没在乎。可渐渐地越来越严重，我有点害怕了，就随便买了管药膏回来涂抹。因为不知道感染源是什么，所以药膏并没起什么作用，反而有了抗体。经常半夜起来用手抓挠，睡眠不好不说，我开始怀疑得了什么见不得人的病。

直到我下定决心去大医院诊治，才知道是真菌感染，错过了最佳治疗期，我只有吃药，希望这痒早一天离我而去。

身体：那些与痒有关的语言

痒的独白：我是疼痛的兄弟，往往是你难挨的煎熬，我会让你坐立难安，让你总情不自禁地想用手去挠。但是我跟我兄弟疼痛一样，都是健康的一面镜子。骂我可没有什么用，首先要找到引发的根源。

1. 药物过敏或化学品刺激：有的化妆品会让敏感体质的人皮肤过敏性瘙痒，尤其是化学染发制剂。而肥皂、避孕套、新苯扎氯铵等可因直接刺激或过敏而引起接触性或过敏性皮炎，痒就不可避免地发生。

2. 疾病引发的痒：经常性外阴瘙痒，伴外阴分泌物刺激引起瘙痒。这时要及时去医院做内诊，因为糖尿病患者外阴瘙痒特别严重，而贫血、白血病等慢性病患者也常出现外阴痒症。

3. 特殊感染：念珠菌阴道炎和滴虫性阴道炎是引起外阴瘙痒最常见的原因。阴虱、疥疮也可导致发痒。蛲虫病引起的幼女肛门周围及外阴瘙痒一般在夜间发作。妊娠期和经前期外阴部充血，偶可导致外阴瘙痒不适。

4. 慢性外阴营养不良：以奇痒为主要症状，伴有外阴皮肤发白。

5. 不良卫生习惯：不注意外阴局部清洁，皮脂、汗液、经血、阴道分泌物，甚至尿、粪浸渍，长期刺激外阴会引起瘙痒；经期用不洁月经带，平时穿不透气化纤内裤，均可因湿热郁积而诱发瘙痒。

6. 季节性瘙痒：由于气候变化、热水浸泡、搓洗过度导致正常角质细胞的过多脱落及皮脂膜的变薄，使皮肤屏障破坏，这是引起季节性皮肤干燥瘙痒的常见诱因。

7. 其他皮肤病变：擦伤、寻常疣、疱疹、湿疹、肿瘤等均可引起外阴瘙痒。

国内著名皮肤科专家王淑琴建议：要多喝水来补充身体流失的水分，选择宽松棉质的内衣，避免贴身穿尼龙、化纤材质的衣服，内衣裤洗净后尽量在太阳下曝晒，不要阴干。冬季应减少洗浴次数和缩短洗浴时间，最好采用与体温相仿的水温（不要超过四十度）。

暖心建议：瘙痒出现，不要慌乱，要听医嘱使用乳剂和霜剂，防止引发慢性病。饮食清淡，要注意营养均衡，多吃水果、蔬菜和含有不饱和脂肪酸的食物。

2020年，未来女人可以避免哪些痛与痒？

作为一种远离痛痒的美好期许，我们也不妨拿科技说事，幻想一下未来——2020，科技能帮女人解决哪些痛苦的事。不过可不要不靠谱地想一片药就能包解百病哦！

用催眠控制疼：人处在催眠状态下最容易接受暗示。如一个女患者的更年期曾经闹得很厉害，由于经期紊乱，头部和心口都疼得实在难忍。经过几次催眠治疗后，其更年期“推迟”了七年，不仅不再头疼和心口疼，月经也恢复正常。催眠逐渐会渗透到传统治疗上去。

无痛分娩普及：到了2020年，无痛分娩就普及了，它采用硬膜外麻醉，在准妈妈的腰部硬膜外腔放置药管，这药管中麻醉药的浓度大约相当于剥宫产的五分之一，即少量的麻药，很安全。准妈妈在生孩子时所经历的腹痛非常轻微、细小，费用最好容易让人接受。

神奇药汤：全部由天然药材熬制而成，普及民众化，可缓解女性生理痛，治疗偏头痛，改善月经不调等症状。

水疗大法：不是简单的在水中泡浴，而是选择放入不同有抗菌消炎的作用的药草（如熏衣草、薄荷、苜蓿、紫苏、迷迭香等），可以治疗月经不调及妇科病。

按摩缓冲：以男人的大手为模板的电子手。当疼痛袭来，把它放在不舒适的部分开始按摩，疼痛会骤然减轻，最好手的温度要比体温略高些，会更加舒适。

特殊试纸：希望2020年后，发明一种特殊试纸，作为一种阴道自检法，在家就可以自行检测，如果连续发现检测值不在正常范围，就很可能出现了阴道感染病症。

暖心建议：没有谁甘心做痛与痒的奴隶，或因为缺乏生活常识，或因为没有养成良好的生活习惯，一个不注意便痛痒缠身。与其病来求医，实不如病前稍微注意，增加关于痛与痒方面的知识，懂得身体的特殊语言。

我们需要关爱，当从自己关爱自己做起。

险境脱逃，你能逃离心理牢笼吗？

人们常说没有压力就没有动力，压力似乎潜意识里已经成为了人们动力的源泉。无论我们身处哪个职位，都会面临激烈的竞争、巨大的工作量和繁杂的人际关系……我们很难控制周遭的生活环境，也很难保证自己能处理好所有的事。于是常常沉浸在这样那样的旋涡中无法自拔，身心都备受煎熬。

我们甚至意识不到自己有哪里不对，只是觉得被这些无形的东西压得透不过气来，对工作生活忽然失去了曾经那些激情和活力。我们把这样的感觉归结于习惯，归结于年龄的增长，归结于阅历的改变，归结于单纯的体质不佳……

其实，这都是都市病在作祟，它早就潜伏在你身体里，使你长期在快节奏的生活压力下呈现出亚健康状态，是一种不易察觉的心理疾病。不过不要恐慌，通过一定的自我调节，我们还是可以赶跑它们的。

抑郁症似乎是这其中最为普遍的病症之一，可由各种原因引起，长期的心情低落是明显特征。

如果亲们不幸患上了抑郁症，起初会觉得只是思维比较消极，不以为然。渐渐地机体各项功能开始下降，食欲不振、失眠、精力衰退、没有原因的持续疲乏，甚至从缺少自信变得自卑，经常会感觉自己做得不够好。抑郁症也是自杀率很高的心理疾病，是不容小视的“顽疾”。

Lisa是我的大学同学，早在大学时期她就是校园的一道风景线。甜美的长相和出众的身材一直让她引以为傲。在所有人眼中，她一直是个特别自信的女孩儿：每个动作，每个微笑都那么从容自然，是传说中的“零死角美女”。毕业以后大家各奔东西，都在为自己的前途拼搏着，和Lisa见面的机会也变得越来越少了。

还记得那是一年前的同学会上，大家都尽量抽出了时间赶来团聚。Lisa也赶在我们开始之前来到了饭店。可是当她走进来的时候，我们所有人都傻掉了，天啊，这还是当年的Lisa吗？她没太精心打扮，甚至有些狼狈，长长的头发虽然扎了起来但仍然可以看出十分毛躁。两只手的拇指紧紧抠着包包的带子，让人大跌眼镜。

见自己来得晚了，Lisa很不自然地笑了一下，然后迅速地跑到了我旁边的座位上。我和Lisa在大家的喧闹中攀谈了起来。

原来Lisa工作后饱受公司员工的非议，甚至有人说她只是花瓶没有什么工作的能力。为了证明自己，她把工作任务大包大揽，完全不顾及自己能否完成。爱美的她放弃了周末和闺蜜逛商场购物，放弃了去咖啡厅享受假期的轻松。谈合同，见客户，各种工作上的应酬让她忙得不可开交。但事与愿违，她并未得到相应的回报，反而成为了全公司的笑柄。

Lisa渐渐地陷入了这个阴影中，每天都会觉得自己是身边人茶余饭后指指点点的对象。她在公司不再相信同事，把自己保护起来，工作自然也无法投入其中。回到家里后也把自己封闭起来，失眠随之而来，精神状态非常糟糕。

从那以后的夏天，Lisa竟然再也没有穿过裙子和高跟鞋，除非场合需要。因为总觉得自己缺少了当初的自信，照镜子也觉得自己哪儿都不对，开始讨厌化妆，讨厌购物……她觉得生活突然变得好灰暗，再也没有能让自己快乐的办法，一度想过用自杀来终结这样的生活。显然，Lisa是很典型的抑郁症，我给了她一个心理医生的名片，她将信将疑地接了过去。

后来，Lisa在医生的建议和自我调整下，已经减轻了不少心理负担，生活状态也逐渐好了起来，现在工作也很顺利，经常会给我打电话八卦一些身边的趣闻。

我们每个人都会焦虑，比如考试之前，比如面试的前一个晚上，比如出席某个重要的场合，比如准备上台讲话……在类似的情境下，难免会产生大大小小的波动，或者紧张或者有所顾虑。当然，这样的感觉是正常的本能反应。但这种感觉一旦程度严重，持续时间过长了，就会演变成病理性焦虑。所以各位亲们，审视自己，看看你是否过度焦虑呢？

大多数人恋爱的过程是伴随着甜蜜的，两个人一见钟情，彼此欣赏，深深被对方吸引。现实中，电影里，我们无时无刻不对这样的美好情节充满向往。可爱情总是要在浪漫过后回归生活的。

生活可不像爱情那么想当然。安安本来和交往的男朋友打得火热，微博上，空间里随处都是两个人形影不离的照片和爱的语录。况且安安那位Mr Right仪表堂堂，工作体面，对她更是爱护有加，让我们这帮死党好不羡慕。可最近半年里安安过得并不开心，不是因为感情出了问题，而是安安男友的父母一直催着要见安安，对方家长着急知道安安的具体情况。可能这样的事儿落在别人头上并不算什么，但安安有她自己的苦楚。

安安五岁的时候父母就离异了，母亲和别人结婚以后又生下了一个男孩儿。父亲喜欢酗酒，没有太正当的工作，而且文化层次比较低，好吃懒做。安安自幼就一个人支撑起来这个破碎的家庭，几次都差点辍学，她就背着家里出去打工，做兼职凑够了学费，勉强完成了学业。这其中的辛酸只有安安自己明白。

安安一直对自己的家庭避而不谈，也只有我们几个死党知道她的情况。眼看对方父母催得紧，安安顾虑了起来，想试着先和男朋友渗透一些家里的事。她知道男友自然不会在意她家里的条件，但是毕竟对方父母是上了年纪的人，传统观念根深蒂固，其次是对未来儿媳妇的期望值过高，这些都是安安无法改变的。

那些日子里，安安可谓谈婚色变，每天都忧心忡忡，一旦有朋友结婚发喜帖，安安总会接过来傻傻地发呆，若有所思的样子。

这种状态一直持续了半年多。这半年里，我们甚至不敢问一句安安和男友交往的情况。有时候在Party上安安也会一个人喝着闷酒，她当时纠结的表情我至今都忘不了。

有一天，安安可能是实在Hold不住了，把我们拽到家里，还没等开口就已经哭得一塌糊涂了。

安安说她真的害怕见到男友父母时的场面，每时每刻都在见与不见之间煎熬着。看得出来安安很爱她男友，但是自己不堪的家庭让她特别顾虑，她不敢想象对方父母得知自己情况后的反应，也不想让男友在中间难堪。我们了解了情况后，连忙安慰起安安。而且作为死党，我们也非常自责，安安在这样的焦虑中度过了那么长的时间，无论在精神上还是身体上都受了这么大的煎熬，我们还傻傻地以为时间会让她平复心情，还以为这就是她暂时情绪的小波动。

其实安安最需要的是我们当时能够陪着她，引导她解决内心的矛盾，让她自己逐渐建立信心，攻破心理上的屏障，正确地面对自己的家庭背景，从容应对见男友父母这件事，她才会把事情处理好，不至于像现在这样糟糕。

安安这样每天焦虑，一天天地累积，一天天地惶恐，最终变成了心病，演化成焦虑症。后来在朋友的帮助下，安安终于攻克了内心的障碍。令她意想不到的是，男友的父母并没有因此而低看她，反倒对她很好。

弯弯是朋友圈里意识到自己有强迫症的人，而且她的症状表现得非常明显。具体到如果你去弯弯的家里，你就会感到前所未有的紧张。

弯弯会吸烟，当然女人都不太喜欢屋子里有烟味，所以弯弯每次到家门口的走廊里，无论她是否想吸烟，可能一分钟以前她刚刚扔掉烟蒂，到了走廊她仍会机械地掏出香烟，在她包包的夹层里熟练地拿出火机，点燃。

每次我问她你不是刚刚才吸完烟吗，她都会笑笑说道，要在这里吸完才会安心呢。进了她家里，你会发现物品摆放永远都是一成不变，书架上的书从左到右的摆放顺序永远一致，甚至我们常去的朋友都可以从左到右依次说出书名了。

最神奇的是她家里酒柜旁转椅的朝向，永远是朝着阳台的方向。我们在那转椅上下来以后，弯弯一定会走过来，摆正椅子的朝向。这种程度令我们集体崩溃。

即使在家里吃饭，朋友都围坐在餐桌嬉笑着准备用餐的情况下，弯弯做好饭菜以后，也一定会要我们等她收拾完厨房，不然她坚决不会坐到饭桌上来。任凭我们怎么催她，她都有条不紊地开始刷锅、擦灶台、拖地……有时候我们真的会等她等到崩溃，她才能平静地坐在餐桌上。当然她有自己固定的位置，而且无论来多少朋友，无论场面有多难控制，她都会坐在她那个固定的位置。

当我们酒足饭饱晚上准备出洞了，弯弯锁门时我们全体恨不得赶紧掏出手机来录下她锁门的全过程。不然她会从离开家门那一刻就怀疑自己没有锁门，有了我们这样十几只眼睛的见证，她才不至于产生顾虑。可能不熟悉她的朋友并不会特别注意到弯弯有强迫症，只有时间久了，从她举手投足间，你会觉得她真的“与众不同”，她的机械性和反复性，让自己在不知不觉中过得很辛苦。

我的经验就是，千万别和弯弯确定下来什么事，否则你就别想有好日子过了。她会每天定时定点地通过电话、手机短信、QQ、MSN……总之一切能联系到你的方式，和你进行确认再确认。这也是我最为抓狂的时刻，因为她真的会把你逼疯掉。

强迫症是一种心病，弯弯有时候也觉得自己过得好辛苦，什么事她都不敢肯定地确认，觉得自己活得很反复。

在别人看来这可能是个人习惯，是办事谨慎，但其中的苦恼只有弯弯自己能明白。所以，有强迫症的MM一定要从细节上注意，慢慢改变自己的生活方式，可能一开始会很困难，但只要每天进步一点点，总有一天能够赶走心中的“强迫小恶魔”。

坏情绪发作时，心情会如蹦极跳那样直线坠落，搞不好，造成的伤害就会让自己或他人来个精神上的“粉身碎骨”。如果让坏情绪得到正确疏导，像蹦极那样既能得到淋漓尽致的宣泄，还能毫发无伤地顺利着陆呢。让我们为你的安全回归提供一份阳光指南吧！

·私密叮咛·

情绪蹦极安全手册

初级蹦：四十米以上——有惊无险

这一类的坏情绪破坏性还算轻微，且不存在侵害他人的危险，但是对于当事人，已经造成了相当大的困扰。

坏情绪表现1：焦虑

艾薇下个月要到香港做一个非常重要的提案，随着时间临近，艾薇的焦虑感越来越强。越是想要做得完美越是漏洞百出，有时甚至连日常工作都没办法集中精力完成。

专家对策：催眠，给心灵排毒

焦虑来自一种不肯定——对自己，也对身边的事物。焦虑者通常希望能在同一时间把握很多事情，但是客观环境的纷繁让这一想法难以实现，于是焦虑的情绪渐渐产生。

面对焦虑，就一个字：静。建议你无论在家里还是在办公室，在感觉焦虑无法排解的时候，给自己做一个简易的催眠。慢慢闭上眼睛，想象自己是在一个你喜欢的环境中，告诉自己：我在放松，我很舒服……直到感觉自己完全松弛，你再慢慢“醒来”，同时深呼吸。这样的一个过程一般只需要十分钟左右，但是很有效。

坏情绪表现2：失落

不到三十岁的江明一向给人精明干练的印象，在一家媒体做得有声有色，眼看就要升到部门副主任的位置。可是忽然间内部资源整合，江明所在的部门被撤销了，他成了一名等待安置的调岗人员，这让他实在无法排解自己的失落和无助。

专家对策：哭吧哭吧，不是罪

有了失落感，首先要正视，每个人都有低潮期，这没有什么可怕和羞愧的。要注意及时“发泄”失落，独处时大声喊，像孩子那样哭泣，都不失为有效的宣泄方法。发泄之后，要尝试给自己订制短期目标和长远目标，不要指望着一下子重拾旧山河，先把每天的小目标实现，看到进步自然会快乐。

中级蹦：一百三十四米以上——险象环生

这种灰色情绪不仅会干扰自己的日常生活，还会给身边的人带去困扰，搞不好很多朋友就会被你的坏情绪“赶跑了”！

坏情绪表现1：愤怒

虽然老公的事业蒸蒸日上，但是雯雯却发现自己越来越易怒。有一天，雯雯正在满头大汗地做晚饭，发现垃圾桶已经满了，而老公正在看电视。

于是雯雯说，你把垃圾倒了去。

老公说，看完电视就去。

现在就要你倒！雯雯说。

老公不情愿地站起来，刚嘟囔几句，雯雯干脆把炒锅摔在地上，又一场家庭大战爆发了。

专家建议：预留十秒钟

爆发之前，一定给自己再留出十秒钟，先在心里默数从一到十，这个方法虽然不能熄灭怒火，但至少能减缓火势。

另外，再告诉你一个为朋友“灭火治怒”的三部曲。先倾听，让他的怒火发泄出来。然后，顺着他的道理聊天。最后，当他平静下来愿意听你的意见时，你再提出解决问题的办法。

坏情绪表现2：悲伤

妞妞的母亲毫无先兆地突然心脏病发作过世了，她用堆积如山的工作来掩盖自己的悲伤，在外人看来她万分坚强。直到有一天深夜老公梦中醒来，发现她正在院子里独自痛哭流涕。

专家建议：越痛苦越要面对

比起安慰，悲伤的人最需要的是进行一次情绪爆发。他需要把悲伤倾诉出来，需要别人分担内心的感受。无论是我们自己，还是帮助别人，都需要以完全接受“痛苦”本身的心态来面对。

我们要认可这种感受，或者是与别人“分享”相同的感受。我们可以找到带给自己最多安全感的人倾诉，让内心深处最真实的情绪“安全”地释放出来，而不是压抑和克制。

如果是帮助悲伤的人面对痛苦，我们也同样告诉他，不要去逃避痛苦。这个时候，拥抱是一种很好的疗伤方法。

高级蹦：世界最高蹦极点二百一十六米——极限冲刺

这时候的坏情绪已经关乎健康甚至性命。你需要找个心理医生诊治，不能指望着几句安慰就能解决问题了。

坏情绪表现1：抑郁

即将三十岁的蕾蕾依然单身，最喜欢说的话就是：“我没有希望了，我知道自己该怎么做……但是一旦我看到身边的一对对恋人走过，我就会想，自己为什么找不到合适的男朋友呢？”如果你碰到这样一位饱受抑郁折磨的人，你该怎么做呢？

专家建议：多一点选择快乐的机会

帮助抑郁的人既需要专业知识，也需要极大的耐力。“抑郁”的原因不是痛苦太多，而是快乐太少。你不妨这样对蕾蕾说：“你可以坐在屋子里郁闷，也可以走出去，在阳光和新鲜空气里郁闷。我想去公园，你能陪我吗？”这样“快乐的选择”会对抑郁情绪有很大的抚慰作用。

你也可以建议有抑郁倾向的人尝试一下“烛光温暖法”。只点燃一个小蜡烛，然后在安静而温暖的烛光里和自己独处，这样的“真空”时刻会帮助抑郁者平静下来。

但是，如果你的朋友抑郁情绪一旦持续两周，且引起生理病痛，就请你马上带他就医，这时候他的抑郁症必须要医生才能救治。

坏情绪表现 2：恐惧

颖去年遭受了一次严重的车祸，经过治疗，身体基本恢复了。但是，有时候在毫无先兆的情况下，她会突然感觉到一辆大卡车迎面开来，卡车司机的嘴里还说着什么，她甚至还真的听到了刹车一般的声音，而后就是卡车泰山压顶般撞过来。

她感觉自己被保鲜袋困住了，眼睁睁地看着灾难“到来”，无能为力，甚至感到窒息……颖对朋友们说，类似的恐惧体验已经发生过多次，她已经接近崩溃的边缘。

专家建议：“触摸”自己的心脏

恐惧的原因在哪里？为什么这些恐怖的记忆一再侵害着我们的生活，而我们却束手无策？如果你愿意，可以尝试由奥地利心理学家荣格理论衍生而来的意象对话，以缓解恐惧情绪。

选择一个安全的环境，慢慢进入“休眠状态”。这时候，你可以尽量尝试去“看看”自己的心脏，它的形状和颜色，尝试着去“走近”它，“触摸”它，然后请你仔细看看，它的上面都有什么。

被恐惧折磨的人，会看见自己的心脏上布满牙印，鲜血淋漓，甚至插着刀斧等尖利物。这时候，请你勇敢点，轻轻走过去，把折磨你的尖利物取下来，再温柔抚摸你的心脏，然后勇敢地告诉自己，没什么可怕的了。

专家提示：这样的心理治疗在于缓解恐惧，但是想追根溯源，彻底医治恐惧，还是需要求助专业的心理医师。

甩掉坏心情，和蹦极借招！

捆脚跳

这种姿势也被称为自由跳，是最痛快也最具危险性的姿势，自由自在的飞翔感虽然迷人，但是大头朝下的失重感非常不好受。

如果你急于发泄坏心情，那么建议你选择这种比较"极端"的方式，也可以尝试大声喊叫，熬夜看恐怖电影，刷卡刷到手软。但是注意，一定要速战速决！

背跃式

背跃式最适合不敢正视高度的胆小者。

约上三五知己，找个地盘儿狂欢一下，把折磨人的坏情绪拒之门外，虽然明天太阳照常升起，但今晚，你有权利对灰色心情视而不见。

绑腰式

这是保护最妥帖的一种蹦极方式，虽说刺激程度降低，但心里有了底，更能享受运动本身的愉悦。

独自租几部史上最催泪的影视剧彻夜观看，泪流满面，或者约好靠谱的知己缓缓倾诉，这些宣泄方式安全温和，负面作用甚微，何乐而不为呢？

双人跳

有了伴儿的双飞，能感受互相扶持的幸福，但也要承受多了一个伴儿，跳跃中多了羁绊感。

失去自控能力，干脆找个人"陪绑"，把所有黑色心情如实告知，请他安抚你、扶持你、激励你。有个人一路牵手，再难走的路似乎也有了阳光跟随。

后　续

致“女战士”们：

什么样的女人不会过时？

懂男人的女人。

时下的偶像剧和潜伏戏都喜欢披上宫廷的外衣。但凡被皇上、阿哥们看好的女一号，都长着一张女二号的脸和一颗能吃透男人的心。

穿越回现代，她们无需是美女，不见得是公务员或事业编，衣着打扮不仰仗时尚杂志，心态情绪不受控于流言蜚语，分辨得出男人眼里的是希望还是欲望，听得出男人的花言巧语和话外之音。

单凭这一过人之处，上帝就会让她少走不少弯路。

说白了，但凡皱纹不是为男人而生的女人，个个都是女战士。

我身边就有一枚这样的女战士，减肥的原因源于她老公的一句“刚好”。刚好为什么还要减呢？她轻轻柔柔地说：男人并不傻，深知得罪女人的后果多可怕。所以通常他们猜测女人的年纪和体重时，遵循的是同一个规律。如此说来，“刚好”的言外之意自然就是“微胖”。

怎么样，像不像《美人心计》里的窦漪房？

逻辑上不难理解，听起来却有点惊为天人。看来，读懂男人心远比会一门外语要实际得多，既不会在情场屡战屡败，也不会一朝嫁错，久困围城。

时值年终岁尾，空气中洋溢着辞旧迎新的气味，少不了情人举杯、闺蜜聚会。时逢如此场景，爱而不得的女人逢场作戏，执迷于一生要流多少泪才能不心碎；情场失意的女人强颜欢笑，不知一生要干多少杯才能不会醉；至于那些情爱寡淡的女人，则是心不在焉地舔着牙缝或整理发尾。

春风得意的当数女战士，眼里眉梢流动着被爱的光彩。她们是主流中的非主流，重口味里的小清新，既能缝缝补补，也能腾云驾雾。紧握着一份 Hold 全场的气定神闲，无论等的是晚归的男人，还是 CT 的结果。

女战士不是与男人过招时战无不胜，而是能置之死地而后生。

新的一年，我来助你心事变喜事，祝你成为女战士！